高等医学院校实验教材

供临床、基础、预防、口腔、儿科、麻醉、法医、
检验、检疫、影像、护理等专业用

有机化学实验教程

主　编　肖　竦　杨先炯

副主编　徐　红　席晓岚

编　委（按姓名汉语拼音排序）
李　燕　沈凌屹　王　丽　席晓岚
肖　竦　徐　红　许志玲　杨先炯
袁见萍　袁桃花　张奇龙

北京大学医学出版社

YOUJI HUAXUE SHIYAN JIAOCHENG

图书在版编目（CIP）数据

有机化学实验教程 / 肖竦，杨先炯主编 . —北京：
北京大学医学出版社，2024.1（2024.8 重印）
ISBN 978-7-5659-3084-3

Ⅰ.①有… Ⅱ.①肖… ②杨… Ⅲ.①有机化学 – 化
学实验 – 高等学校 – 教材 Ⅳ.① O62-33

中国国家版本馆 CIP 数据核字（2024）第 016489 号

有机化学实验教程

主　　编：肖　竦　杨先炯
出版发行：北京大学医学出版社
地　　址：（100191）北京市海淀区学院路 38 号　北京大学医学部院内
电　　话：发行部 010-82802230；图书邮购 010-82802495
网　　址：http://www.pumpress.com.cn
E - m a i l：booksale@bjmu.edu.cn
印　　刷：北京瑞达方舟印务有限公司
经　　销：新华书店
责任编辑：毛淑静　　责任校对：靳新强　　责任印制：李　啸
开　　本：787 mm × 1092 mm　1/16　　印张：10.25　　字数：258 千字
版　　次：2024 年 1 月第 1 版　　2024 年 8 月第 2 次印刷
书　　号：ISBN 978-7-5659-3084-3
定　　价：30.00 元

前　言

有机化学是高等医学院校医学及相关专业重要的基础课程，也是一门实践性很强的学科。有机化学实验是有机化学课程的重要组成部分。学生通过实验操作加深、巩固对理论和基础知识的理解；学习并掌握有机化合物的制备、分离、提纯技术，鉴定、鉴别的方法；训练独立操作、观察实验现象、记录和分析实验结果、归纳实验结论、撰写实验报告等基本实验技能；培养严谨的科学态度、实事求是的工作作风和良好的科学素养。

为适应现代医学教育发展的需要，贯彻实施新理念、新形态、新方法引领带动新医科建设的思想，我们依据高等医学院校有机化学课程教学大纲的基本要求，结合多年教学实践经验，整合编写了《有机化学实验教程》。本教材突出为医学专业培养目标服务的特点，精选与理论教学呼应的实验内容，满足专业知识结构要求，编排由浅入深，循序渐进。学生通过实验课程的实践操作练习，强化对理论知识的理解和掌握，同时也提高实验课程的理论水平。理论与实验的学习相互促进，有利于强化课程"三基"训练，为促进医学专业学生学习后续课程和成长为医学专业应用型人才打好基础。

本教材覆盖了高等医学院校有机化学课程教学大纲要求的全部实验内容。有机化学实验的基础知识部分介绍有机化学实验室安全知识、常见基本操作、基本实验技术等。有机化学实验部分包括基础性实验、验证性实验、综合设计实验和实验考核。其中实验综合技能考核中设置的问题，要求学生能够运用理论知识，通过独立思考，借助文献，找到解决方案，培养学生综合应用能力。实验内容中编写的思考题用于引导学生深入思考实验与理论知识有关的问题，着力培养学生综合考虑问题的能力，提高学生的分析能力和学习构建研究问题的方法，以期使学生形成良好的实验科学素养。教材最后附有机化学实验室规范和实验常规仪器清单、思考题参考答案，以便查阅。

本教材编写过程中得到北京大学医学出版社的指导和贵州医科大学教务处、基础医学院的大力支持和帮助，使编写工作顺利完成，在此表示衷心感谢！对本书引用参考文献的原作者和相关出版社也一并深表谢意！

鉴于编者的水平有限，教材中可能存在不当之处，恳请读者提出宝贵意见，予以批评指正。

主编

目　录

 第一单元

有机化学实验的基础知识

第一节 有机化学实验室安全知识

一、有机化学实验室学生安全守则

1. 实验前做好准备，预习实验内容，仔细阅读实验原理，理顺实验步骤，着重关注实验注意事项。

2. 进入实验室前检查着装。实验服穿戴整齐，尽量穿长裤，长发要扎起，不可穿凉鞋、拖鞋、高跟鞋，手上不可佩戴金属饰品，不可戴隐形眼镜。

3. 实验开始前，检查仪器是否完整，装置、器材是否齐全，在征得指导老师同意之后，方可进行实验。

4. 实验进行时，不得离开实验岗位，注意反应进行的情况，及时记录实验现象，若发现装置漏气和破裂等危险现象，及时停止实验，并告知指导老师。

5. 实验结束后，按要求将实验废液、回收物放置在指定回收位点，不可将有毒有害废液倒入下水道。拆除实验装备并按要求洗净后摆放整齐。实验小组成员须整理干净自己的实验台面，值日生负责打扫公共区域。按要求完成实验报告。实验结束后须用肥皂或洗洁剂仔细洗手。

6. 使用易燃、易爆药品时，应远离火源。进行有可能发生危险的实验时，要根据实验情况采取必要的安全措施，如戴防护眼镜、面罩、手套。

7. 任何食物不准带入实验室，任何实验试剂不得入口，严禁在实验室内吸烟、喧哗打闹、玩游戏。

8. 熟悉安全用具及救生通道，了解灭火器材、砂箱及急救药箱的放置地点和使用方法，并妥善爱护。

二、有机化学实验室常见事故

1. 意外起火 有机化学实验室中使用的有机溶剂大多数是易燃的，意外起火是有机化学实验室常见的事故之一，有机化学实验室应尽可能避免使用明火。

有机化学实验中一定要按照实验规定，规范操作，预防火灾发生。要特别注意：操作易燃的溶剂时应远离火源；更不可将易燃的溶剂放在敞口容器中明火加热。

2. 爆炸　有机化学实验如果操作不当，极易引起爆炸。一般预防爆炸的措施如下。

（1）蒸馏装置必须正确安装，不能形成完全的密闭体系，装置应与大气相连通。减压蒸馏时，不能使用三角烧瓶、平底烧瓶、锥形瓶、薄壁试管等不耐压容器作为接收瓶或反应瓶，应选用圆底烧瓶作为接收瓶或反应瓶，否则易发生爆炸。无论是常压蒸馏还是减压蒸馏，均不能将液体蒸干，以免局部过热或产生过氧化物而导致爆炸的发生。

（2）切勿让易燃易爆气体接近火源。有机溶剂如醚类和汽油等物质的蒸气与空气混合时极危险，可能会因接触热源或者火花、电花而引起爆炸。

（3）使用乙醚等醚类时，必须检查有无过氧化物存在，如果发现有过氧化物存在，应立即使用硫酸亚铁除去过氧化物。同时，使用乙醚时应在通风较好的地方或在通风橱内进行。

（4）易爆炸的固体，如重金属乙炔化物、苦味酸金属盐、三硝基甲苯都不能受重压或撞击，以避免引起爆炸。对于危险残渣，必须小心销毁。例如，重金属乙炔化物可用浓盐酸或浓硝酸使其分解，重氮化合物可加水煮沸使其分解。

（5）卤代烷勿与金属钠接触，因其易发生剧烈反应而发生爆炸。钠屑必须存放在指定的地方。

3. 中毒　大多数化学药品具有一定的毒性。中毒途径主要是通过呼吸道和皮肤接触导致有毒物品进入人体，进而对人体造成危害。因此，预防中毒应严格做到：

（1）称量药品时不得直接用手接触药品，应使用专用工具，尤其是有毒药品。实验结束，立即洗手。实验室内禁止吃东西。

（2）剧毒药品应按要求存放并妥善保管，不允许乱放。实验中使用的所有剧毒药品应有专人保管、记录和负责收发，使用有毒试剂者必须严格遵守剧毒药品的操作规范。实验后的有毒残渣必须进行妥善有效的处理，不得随意丢弃。

（3）有些剧毒物质会沾污、渗入皮肤，接触这类物质必须戴橡皮手套，操作后应立即洗手，切勿让毒品沾及五官或伤口。例如，氰化钠沾及伤口后就会随血液循环至全身，严重者会造成中毒甚至死亡。

（4）反应过程中可能产生有毒或有腐蚀性气体的实验应在通风橱内进行，使用后的器皿应及时清洗。使用通风橱进行反应，在实验开始后头部不要进入橱内。

4. 触电　有机化学实验中常常会使用电器。使用电器时，防止人体与电器导电部分直接接触，不能用湿手接触电插头。为防止触电，实验装置和设备的金属外壳等应连接地线。实验结束后应切断电源，并将连接电源的插头拔下后方能离开。

三、有机化学实验室事故应急处理措施

1. 火灾的处理　实验室一旦发生失火，室内全体人员应沉着镇静、积极有序参与

灭火。灭火一般采用如下措施。

（1）防止火势蔓延：立即熄灭火源，关闭室内总电闸，搬开易燃物质。

（2）立即灭火：有机化学实验室发生火情，一般不使用水灭火。由于实验室中存放的化学试剂可能与水发生反应，如果用水灭火将会引起更大的火灾。

失火初期，不能用口吹灭，必须使用灭火器、砂、毛毡等。若火势较小，可用数层湿布把着火的仪器包裹起来。

小器皿内着火（如烧杯或烧瓶内），可盖上石棉板或瓷片等，使之隔绝空气灭火。

油类着火，要使用砂或灭火器灭火，也可撒上干燥的固体碳酸氢钠粉末。

电器着火，绝不能使用水和泡沫灭火器灭火。水能导电，会使人触电甚至死亡；泡沫灭火器常常会损坏高精度仪器。一旦有电器着火，应首先切断电源，然后使用二氧化碳或四氯化碳灭火器灭火。这类灭火剂不导电，不会使人触电。（特别注意：四氯化碳蒸气有毒，在空气不流通的地方使用存在危险！）

衣服着火，切勿奔跑。着火人应立即倒下并在地上打滚，邻近人员马上用毛毡或棉胎等盖在着火人身上，使之隔绝空气而灭火。

总之，失火时应根据起火的原因和火场周围的情况，采取不同的方法灭火。无论使用何种灭火器材，都应从火的四周开始向中心扑灭，把灭火器的喷出口对准火焰的底部。在灭火抢救过程中切勿犹豫。

2. 玻璃割伤　玻璃割伤是实验室常见事故。受伤后仔细观察伤口处有没有玻璃残渣，然后尽快把伤口处的玻璃残渣取出。如伤势不重，先进行简单的急救处理，如涂抹万花油，再用纱布包扎。伤口严重、流血不止时，可在伤口上部近心脏端约 10 cm 处用纱布扎紧，以减缓流血，压迫止血，并立即送医就诊。

3. 药品灼伤　皮肤接触了腐蚀性物质后可能发生灼伤。接触腐蚀性物质时，一般须戴橡胶手套和防护眼镜，避免灼伤。发生灼伤时按以下方法应急处理。

（1）酸灼伤

1）皮肤：立即用大量水冲洗，然后用 5% 碳酸氢钠溶液洗涤，擦干后涂上油膏，并将伤口包扎好。

2）眼睛：抹去溅在眼睛外面的酸，用洗眼器或将橡皮管套上水龙头用水对准眼睛冲洗后，再用稀碳酸氢钠溶液洗涤，最后滴入少许蓖麻油，然后立即送医就诊。

3）衣服：依次用水、稀氨水和水冲洗。

4）地面：撒上石灰粉，再用水冲洗。

（2）碱灼伤

1）皮肤：先用水冲洗，然后用饱和硼酸溶液或 1% 乙酸溶液洗涤，再涂上油膏，并包扎好伤口。

2）眼睛：抹去溅在眼睛外面的碱，用洗眼器或将橡皮管套上水龙头用水对准眼睛冲洗后，再用饱和硼酸溶液洗涤，最后滴入少许蓖麻油，然后立即送医就诊。

3）衣服：首先用水冲洗，再用10%乙酸溶液洗涤，使用氨水中和多余的乙酸，后用水冲洗。

（3）溴灼伤：溴沾到皮肤上时，立即用水冲洗，涂上甘油，敷上烫伤油膏，将伤处包好。眼睛受到溴蒸气刺激时，可能暂时不能睁开，可让眼睛对着盛有乙醇溶液的瓶口保持片刻。

（4）烫伤：轻伤涂玉树油或鞣酸油膏，重伤涂烫伤油膏后立即送医就诊。

上述各种急救方法仅为暂时缓解、减轻疼痛的措施。伤势较重时，经过简单紧急处理急救后，应立即送医就诊。

4. 中毒　溅入口中尚未咽下的毒物应立即吐出来，用大量水冲洗口腔；已经吞下者，应根据毒物的性质服解毒剂，并立即送往医院急救。

（1）腐蚀性毒物中毒：误吞强酸，先饮用大量水，再服氢氧化铝膏、鸡蛋清；误吞强碱，也需要先饮用大量水，然后服用醋、酸果汁、鸡蛋清。不论酸或碱中毒，都需灌注牛奶，不能服用催吐剂。

（2）刺激性及神经性毒物中毒：先服用牛奶或鸡蛋清使之缓和，再服用硫酸镁溶液（约30 g溶于一杯水中）催吐，也可以用手指伸入喉部物理催吐后，立即送往医院就诊。

（3）吸入气体中毒：首先将中毒者移至室外，解开衣领及纽扣。吸入少量氯气或溴气者，可用碳酸氢钠溶液漱口。然后及时送往医院就诊。

四、有机化学实验室常见标识

有机化学实验室常见标识如图1-1所示。

图1-1　有机化学实验室常见标识

图 1-1 有机化学实验室常见标识（续）

医疗废物	当心电离辐射	当心机械伤人	当心火灾
禁止停留	非工作人员禁止入内	禁止烟火	禁止吸烟
设备停用	禁止堆放易燃物	禁止触摸	禁止饮食

图 1-1　有机化学实验室常见标识（续）

五、有机化学实验室常见危险化学品

有机化学实验室常见危险化学品如表 1-1 及表 1-2 所列。

表 1-1　常见毒品所需主要易制毒化学品

毒品名	所需易制毒化学品
海洛因	乙酸酐、氯化铵、三氯甲烷、乙醚、丙酮、盐酸、硫酸
甲基苯丙胺	麻黄碱、伪麻黄碱、1- 苯基 -2- 丙酮、氯化亚砜、丙酮、乙酸酐、甲苯、氯化钯、盐酸、硫酸、丁酮、苯乙酸、硫酸钡、乙酸钠
丙二醛（MDA）、亚甲二氧甲基苯丙胺（MDMA）及类似物品（俗称摇头丸）	黄樟脑、异黄樟脑、胡椒醛、3,4- 亚甲基二氧苯乙基 -2- 丙酮
可卡因	高锰酸钾、丙酮、乙醚、丁酮、甲苯
甲喹酮（安眠酮）	邻苯基苯甲酸、N- 乙酰邻氨基苯甲酸
麦角酸二乙基酰胺（LSD，致幻剂）	麦角新碱、麦角胺、麦角酸、硫酸钡、吡啶（六氢吡啶）

表 1-2　部分常见危险化学品目录（2022 版）

序号	品名	别名	CAS 号	备注
1	氨	液氨；氨气	7664-41-7	

续表

序号	品名	别名	CAS 号	备注
2	1- 氨基丙烷	正丙胺	107-10-8	
3	2- 氨基丙烷	异丙胺	75-31-0	
4	3- 氨基丙烯	烯丙胺	107-11-9	剧毒
5	1- 丙醇	正丙醇	71-23-8	
6	2- 丙醇	异丙醇	67-63-0	
7	2- 丁醇	仲丁醇	78-92-2	
8	1,2- 二硝基苯	邻二硝基苯	528-29-0	
9	1,3- 二硝基苯	间二硝基苯	99-65-0	
10	1,4- 二硝基苯	对二硝基苯	100-25-4	
11	氟		7782-41-4	剧毒
12	氟乙酸	氟醋酸	144-49-0	剧毒
13	氟乙酸甲酯		453-18-9	剧毒
14	氟乙酸钠	氟醋酸钠	62-74-8	剧毒
15	氟乙酸乙酯	氟醋酸乙酯	459-72-3	
16	高锰酸钾	过锰酸钾；灰锰氧	7722-64-7	
17	高锰酸钠	过锰酸钠	10101-50-5	
18	铬酸钾		7789-00-6	
19	铬酸钠		7775-11-3	
20	汞	水银	7439-97-6	
21	过氧化钠	双氧化钠；二氧化钠	1313-60-6	
22	过氧化氢溶液［含量＞ 8%］		7722-84-1	
23	苄胺	苯甲胺	100-46-9	
24	甲苯	甲基苯；苯基甲烷	108-88-3	
25	甲醇	木醇；木精	67-56-1	
26	甲酚	甲苯基酸；克利沙酸；甲苯酚异构体混合物	1319-77-3	
27	甲醛溶液	福尔马林溶液	50-00-0	
28	甲酸	蚁酸	64-18-6	
29	甲烷		74-82-8	
30	硫化汞	朱砂	1344-48-5	
31	硫化钾	硫化二钾	1312-73-8	
32	硫酸		7664-93-9	
33	硫化氢		7783-06-4	
34	硫磺	硫	7704-34-9	

续表

序号	品名	别名	CAS 号	备注
35	氯化钡		10361-37-2	
36	萘	粗萘；精萘；萘饼	91-20-3	
37	哌啶	六氢吡啶；氮己环	110-89-4	
38	盐酸	氢氯酸	7647-01-0	
39	氰化钾	山柰钾	151-50-8	剧毒
40	石油醚	石油精	8032-32-4	
41	四氢呋喃	氧杂环戊烷	109-99-9	
42	硝基苯		98-95-3	
43	3-硝基苯酚	间硝基苯酚	554-84-7	
44	硝酸		7697-37-2	
45	硝酸铵		6484-52-2	
46	溴	溴素	7726-95-6	
47	溴水 [含溴 ≥ 3.5%]		7726-95-6	

注："品名"是指根据《化学命名原则》(1980)确定的名称；"别名"是指除"品名"以外的其他名称，包括通用名、俗名等；"CAS 号"是指美国化学文摘社对化学品的唯一登记号；"备注"是对剧毒化学品的特别注明

（许志玲）

一、有机化学实验常用玻璃仪器的使用和保养

玻璃仪器一般由软质或硬质玻璃制作而成。软质玻璃耐热、耐腐蚀性较差，但价格便宜，因此，用其制作的仪器一般不用于加热，如普通漏斗、量筒、抽滤瓶、干燥器；硬质玻璃具有较好的耐热和耐腐蚀性，制成的仪器可在温度变化较大的情况下使用，如烧瓶、烧杯、冷凝管。

玻璃仪器一般分为普通玻璃仪器和标准磨口玻璃仪器两类。实验室常用的普通玻璃仪器有非磨口锥形瓶、烧杯、布氏漏斗、抽滤瓶、普通漏斗等。常用标准磨口玻璃仪器有磨口锥形瓶、圆底烧瓶、三口烧瓶、蒸馏头、冷凝管、接收管等（图 1-2）。

使用标准磨口玻璃仪器时应注意以下几点：

1. 使用时轻拿轻放。

2. 不能用明火直接加热玻璃仪器（试管除外），加热时需垫上石棉网。

3. 不能高温加热不耐热的玻璃仪器，如抽滤瓶、普通漏斗、量筒。

4. 玻璃仪器使用完毕，应及时清洗。标准磨口玻璃仪器，放置时间过长容易粘结在一起，很难拆开。如果发生磨口处粘结，可用热水煮粘结处或用电吹风吹磨口处，使玻璃发生膨胀而脱落，另外也可用木槌轻轻敲击粘结处。

5. 带旋塞或具塞的仪器清洗后，应在塞子和磨口的接触处夹放纸片或涂抹凡士林，以防粘结。

6. 标准磨口玻璃仪器磨口处要保持洁净，不得粘有固体物质。清洗仪器时，避免用去污粉擦洗磨口，否则擦洗过程会使磨口处连接不紧密，甚至导致磨口损坏。

7. 进行仪器安装时，应尽量保持横平竖直，磨口连接处不应受歪斜的应力，否则容易引起仪器破裂。

8. 一般使用时，磨口处无需涂抹润滑剂，以免附着反应物或产物。但是反应中使用强碱时，则需要涂润滑剂，以免磨口连接处因碱腐蚀而粘结在一起导致无法拆开。减压蒸馏操作时，也应在磨口连接处涂抹润滑剂，以保证装置密封性良好。

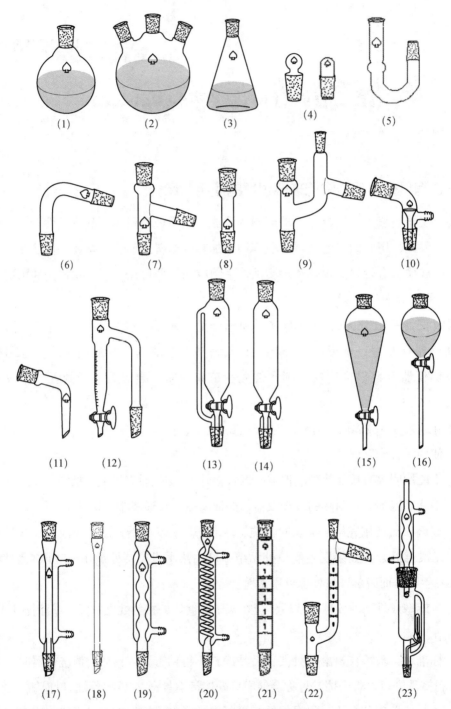

图 1-2　常用标准磨口玻璃仪器

（1）圆底烧瓶；（2）三口烧瓶；（3）磨口锥形瓶；（4）磨口玻璃塞；（5）U形干燥管；
（6）弯头；（7）蒸馏头；（8）标准接头；（9）克氏蒸馏头；（10）真空接收管；（11）弯形接收管；
（12）分水器；（13）恒压漏斗；（14）滴液漏斗；（15）梨形分液漏斗；（16）球形分液漏斗；
（17）直形冷凝管；（18）空气冷凝管；（19）球形冷凝管；（20）蛇形冷凝管；
（21）分馏柱；（22）刺形分馏头；（23）索氏提取器

9. 使用温度计时，注意不要使用冷水冲洗热温度计，以免发生炸裂，尤其是水银球部位，应先冷却至室温后再进行清洗。

二、有机化学实验常用装置

有机化学实验中的各种装置大多数是由玻璃仪器组装而成的，实验中应根据实验要求选择合适的仪器，按照自下而上、从左至右的顺序进行组装，仪器组装应尽量保持仪器的横平竖直，铁架台一律整齐地放置于仪器背后。部分有机化学实验常用装置见图 1-3 至图 1-6。

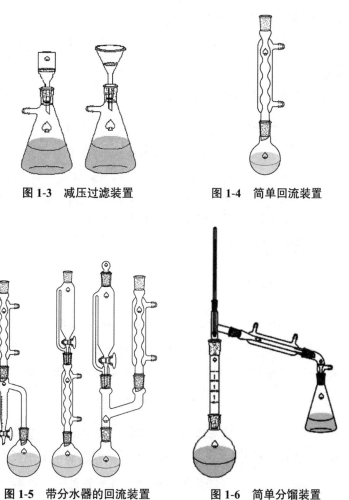

图 1-3　减压过滤装置　　　　图 1-4　简单回流装置

图 1-5　带分水器的回流装置　　　　图 1-6　简单分馏装置

三、有机化学反应的加热、冷却与干燥方法

（一）加热

某些化学反应在室温下难以进行或进行缓慢，为加快化学反应速度，通常采用加

热的方法。一般情况下，温度升高会加快反应速度。通常温度每升高 10 ℃，反应速度会增加 1 倍。加热方法多种多样，大致归纳为两类：一类为直接加热，即在火焰上或电加热器上直接加热；另一类为间接加热，如水浴、油浴、砂浴。间接加热比直接加热受热更均匀，温度更易控制。

1. 水浴 加热温度 ≤ 100 ℃时，可将容器浸入水浴容器中，使用水浴加热。但必须强调指出：实验中涉及使用金属钾或钠操作时，绝对不能在水浴中进行加热。水浴加热时，热浴液面应略高于被加热容器中反应物的液面，且注意勿使容器底触及水浴锅底。加热时，控制温度稳定在实验需要的范围内。长时间加热时，水浴容器中的水会连续气化蒸发，要注意在适当时间补充热水；也可以在水面上加几片石蜡，石蜡受热熔化后会覆盖在水面上，减少水分的蒸发。常见的水浴设备中，电热多孔恒温水浴锅使用较多且较方便。

2. 油浴 物质加热温度在 100 ~ 250 ℃时可使用油浴，常使用电热套油浴锅进行加热。油浴所能达到的最高温度取决于加热用油的种类（表 1-3）。

表 1-3 油浴加热用油的种类和特点

种 类	特 点
甘油	可以加热到 140 ~ 150 ℃，温度过高时会发生分解。甘油吸水性强，放置过久的甘油，使用前应首先加热蒸去所吸的水分，之后再用于油浴
甘油和邻苯二甲酸二丁酯的混合液	可以加热到 140 ~ 180 ℃，温度过高则分解
植物油（菜油、蓖麻油和花生油等）	可以加热到 220 ℃。若在植物油中加入 1% 对苯二酚，可增加其受热时的稳定性
液体石蜡	可加热到 220 ℃，温度稍高时不易分解，但易燃烧
固体石蜡	可加热到 220 ℃以上，室温下为固体，便于保存
硅油	在 250 ℃时仍较稳定，透明度好，安全，是目前实验室较为常用的加热用油之一

油浴加热时，油浴中需要安装温度计，以便随时观察和调节油浴温度（温度计感温头，如水银球，不能接触油浴锅底）。加热完毕，从加热油中取出反应容器后，仍需要用铁夹夹住反应容器，使其离开加热用油的液面并悬置片刻，待容器壁上附着的余油下滴完毕后，再用纸或干布拭干。油浴加热用油中不能残留水滴，否则加热过程中会产生泡珠或爆溅。需要特别注意：加热过程中产生的油蒸气会引起环境污染或火灾。因此，可使用一块中间有圆孔的石棉板覆盖油锅再进行加热。

3. 砂浴 反应温度达 200 ℃或 200 ℃以上时，往往使用砂浴进行加热。

将清洁且干燥的细砂平铺在铁盘上，把盛有需加热物料的容器掩埋砂中，对铁盘进行加热。砂的热传导能力较差但散热较快，所以容器底部与砂浴接触处的砂层要平铺较薄，便于受热升温。砂浴温度上升较慢，温度不易控制，故其使用不广泛。

4. 电加热设备

（1）电炉：是实验室里最常用的一种热源。使用电炉时必须注意电源电压应与电炉自身规定的电压相同。电炉不要连续使用过长时间，否则可导致电炉寿命缩短。加热时，要在容器和电炉之间垫上石棉网，以保证容器的受热均匀。对金属容器加热时，容器不要触及炉丝，否则容易发生触电事故。

（2）电热套：按容积分类有多种规格，它的加热电阻丝用绝缘的玻璃纤维包裹，既能保证受热均匀，又能增大加热面积，节省能源。

（3）电热板：可将容器直接放在电热板上进行加热。

（二）冷却

有些反应的中间体在室温条件下不够稳定，必须在低温条件下进行，如重氮化反应。有的放热反应常产生大量的热，使反应难以控制，同时可能会引起易挥发化合物的损失，或导致有机化合物（简称有机物）发生分解或增加副反应，为除去过量的热量，需要进行冷却。此外，反应中需要析出结晶时，可以通过冷却降低固体化合物在溶剂中的溶解度，促进晶体的析出。

最简单的冷却方法就是把盛有反应物的容器浸入冷水中。如果需要低于室温以下的较低温度条件，常用冰或冰水混合物作为冷却剂，冰水混合物能和器壁更好地接触，冷却的效果优于冰块。如果水存在时不妨碍反应进行，也可以将冰直接投入反应物中，这样可以有效保持低温。

（三）干燥

固体有机化合物在进行定性、定量及测定熔点之前，都必须使样品完全干燥，否则会影响测定结果的准确性。液体有机化合物在蒸馏前通常要先行干燥，以除去水分，这样可以使液体沸点以前的馏分（前馏分）大大减少；还能够破坏某些液体有机化合物与水生成的共沸混合物。另外，很多有机化学反应需要在"绝对"无水条件下进行，不但所用的原料及溶剂要保持干燥，而且要防止空气中的潮气侵入反应容器。因此，在有机化学实验中，试剂和产品的干燥均具有十分重要的意义。

干燥的方法大致可分为物理法和化学法。

物理法有加热挥发、吸附、分馏、利用共沸蒸馏将水分带走等方式；另外，也常用离子交换树脂和分子筛等方法进行脱水干燥。

化学法是以干燥剂除去水分的方式，其去水作用分为两类：①能与水可逆地结合生成水合物，如氯化钙、硫酸镁。②与水发生不可逆的化学反应而生成新的化合物，如金属钠、五氧化二磷。

1. 液体有机化合物的干燥　液体有机化合物常用干燥剂种类很多（表1-4），选用时须注意以下几点。

（1）干燥剂与有机化合物不发生任何化学变化，对有机化学反应也无催化作用；

（2）干燥剂不溶于液态有机化合物中；

（3）干燥剂的干燥速度快，吸水量大，价格便宜。

表1-4　各类液体有机化合物常用干燥剂

液体有机化合物	适用干燥剂
醚类、烷烃、芳烃	$CaCl_2$, Na, P_2O_5
醇类	K_2CO_3, $MgSO_4$, Na_2SO_4, CaO
醛类	$MgSO_4$, Na_2SO_4
酮类	K_2CO_3, $MgSO_4$, Na_2SO_4
酸类	$MgSO_4$, Na_2SO_4
酯类	K_2CO_3, $MgSO_4$, Na_2SO_4
卤代烃	$CaCl_2$, P_2O_5, $MgSO_4$, Na_2SO_4
有机碱类（胺类）	NaOH, KOH

2. 固体有机化合物的干燥　从重结晶得到的固体常带水分或有机溶剂，应根据化合物的性质选择适当的方法进行干燥。

（1）自然晾干：是最简便、最经济的干燥方法。把待干燥的化合物置于滤纸上薄薄地摊开，再用另一张滤纸覆盖在表面，在空气中慢慢晾干。

（2）烘箱干燥：烘箱常用于干燥玻璃仪器或烘干无腐蚀性、加热时不发生分解的物质。热稳定性较好的固体放在烘箱内烘干时，加热温度切忌超过该固体的熔点，避免固体变色和分解。如有需要可在真空恒温干燥箱中干燥。

（3）红外灯箱干燥：红外灯箱干燥的特点是穿透性强、干燥速度快。样品置于烧杯、表面皿、瓷盘或金属托盘等容器上，再放入红外灯箱内，接上电源后，使用红外灯直接照射待干燥固体，即可达到干燥目的。

（4）干燥器干燥：对易吸湿或在较高温度干燥会分解或变色的固体化合物可用干燥器干燥，干燥器分为普通干燥器和真空干燥器两种。

1）普通干燥器：普通干燥器盖与缸身之间的接触平面处经过磨砂，在磨砂处涂以润滑脂，使之保持密闭。缸中有多孔瓷板，瓷板下面放置干燥剂，把盛有待干燥样品的表面皿放置于多孔瓷板上，盖上盖子，放置一段时间后干燥。

2）真空干燥器：真空干燥器的干燥效率优于普通干燥器。真空干燥器上有玻璃活塞，用以抽真空，活塞下端呈弯钩状，口向上，能防止在通入大气时因空气流入过快将固体冲散。干燥样品时，盛样表面皿最好再用另用一个表面皿覆盖在其上。在水泵或真空泵抽气过程中，干燥器外围最好能以金属丝（或用布）围住，以确保安全。

3. 玻璃仪器的清洗与干燥

（1）玻璃仪器的清洗：进行有机化学实验，必须使用洁净的玻璃仪器，洗涤玻璃仪器是进行实验必需的准备工作。仪器清洁与否会直接影响实验的结果。实验中应养成实验结束后立即将玻璃仪器清洗干净的习惯。

实验室常用仪器如烧杯、烧瓶、锥形瓶、量筒、表面皿、试剂瓶等玻璃器皿的清洗，可先把器皿和毛刷淋湿，然后用毛刷蘸取去污粉刷器皿的内、外壁，至玻璃表面的污物除去，再用自来水冲洗干净。移液管、吸量管、容量瓶、滴定管等具有精密刻度的量器内壁不宜用刷子刷洗，也不宜用强碱性溶剂洗涤，以免损伤量器内壁而影响其准确度。通常将该类量器用含 0.5% 的合成洗涤剂的水溶液浸泡，或将洗涤液倒入量器中晃动几分钟后弃去，再用自来水冲洗干净。

检查玻璃器皿是否洗净的方法：加水倒置，水顺着器皿壁流下，内壁被均匀湿润着一层薄的水膜，不挂水珠。若挂水珠则表明器皿未洗干净，需要重复以上清洗步骤进行洗涤。按以上操作洗净的玻璃仪器可供一般有机化学实验使用。

用于样品的精制或有机分析实验的器皿，除用上述方法洗涤处理外，还必须用去离子水冲洗，以除去自来水中引入的杂质。

超声波清洗器也用于仪器的清洗，把仪器放在装有洗涤剂的容器中，利用超声波的振动，达到洗涤的目的，洗后的仪器再用自来水冲洗干净即可。

清洗仪器时应注意：如果不是十分必要，不要盲目使用各种化学试剂和有机溶剂清洗仪器，这样不仅造成浪费，而且还可能带来危险。

（2）玻璃仪器的干燥：有机化学实验所用玻璃仪器，清洁洗净后常常还需要进行干燥。玻璃仪器的干燥方法有以下几种。

1）自然风干：把洗净的仪器在常温下放置、晾干。这是最常用的一种方法。

2）烘干：把玻璃仪器放入烘箱内烘干。

放入烘箱前磨口玻璃仪器需要取下玻璃塞，玻璃仪器上附带的橡胶制品也需要提前取下，先将仪器中的水分沥干，当无水珠下滴时，将仪器口向上，自上而下依次放入烘箱内，然后将烘箱温度调节为 100 ~ 110 ℃，加热烘干 1 小时左右。烘箱已开始工作后，注意不能在烘箱的上层放入湿的器皿，以免水滴下落，导致热的器皿骤然受冷而破裂。仪器烘干后，要待烘箱内的温度降低至近室温后才能取出仪器，切不可将很热的玻璃仪器取出直接接触冷水、瓷板等低温台面或冷的金属表面，以免热的玻璃仪器骤然受冷而破裂。

需要注意的是，厚壁玻璃仪器，如抽滤瓶，不宜在烘箱中烘干。仪器烘干时要注意慢慢升温并且温度不可过高，以免仪器破裂。带有刻度的计量仪器不可用加热的方法进行干燥，以免影响仪器的精度。具有挥发性、易燃性、腐蚀性的物质不能放进烘箱。用乙醇、丙酮淋洗过的仪器不能放进烘箱，以免发生爆炸。

3）吹干：将洗净的玻璃仪器中的水倒尽后，用吹风机把仪器吹干或者放在气流干燥器上先用冷风再用热风吹干，最后再用冷风吹，使玻璃仪器冷却至室温。

4）有机溶剂干燥：该法适用于仪器洗涤后需要立即干燥使用的情况。

将洗净的玻璃仪器中的水尽量沥干，加入少量95%乙醇摇洗并倾出，再用少量丙酮摇洗一次，如有需要最后再用乙醚摇洗。摇洗结束后用电吹风机吹1～2分钟。因有机溶剂的蒸气易燃烧和爆炸，故先吹冷风，待大部分溶剂挥发后，方可用热风吹至完全干燥，最后再用冷风吹去残余蒸气，避免有机溶剂再次冷凝残留在容器内，同时也可以使仪器逐渐冷却。

（许志玲）

一、磁力搅拌器和电动搅拌器

实验室常用的搅拌器为磁力搅拌器和电动搅拌器。

（一）磁力搅拌器

磁力搅拌器（图1-7）适用于黏度不大的液体和液固混合物的混匀操作。磁力搅拌器操作流程如下。

1. 把所需搅拌的烧杯放在加热板正中，加入溶液，把搅拌子放入溶液中。

2. 接通电源，打开电源开关。低速挡启动，调节调速旋钮，由慢至快调节到所需速度。

3. 需加热时打开加热开关，调节加热温度。

4. 搅拌结束后将速度调至最低，温度调至最低，用镊子取出搅拌子。

5. 切断电源，将搅拌器擦拭干净。

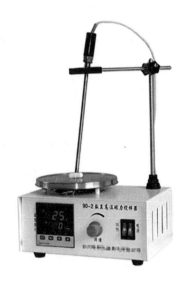

图1-7　磁力搅拌器

（二）电动搅拌器

电动搅拌器（图1-8）适用于黏度大、量多的试剂混匀操作。其操作流程如下。

1. 使用增力电动搅拌器时首先检查配件是否齐全，然后按图1-8装配好整机。

2. 溶液瓶放在升降架上，根据要求调整好高度。

3. 接通电源，打开电源开关，然后打开定时器，根据要求打开各自的调速开关，速度由慢到快，为了确保安全，一定要接地线。

4. 使用时，如发现搅拌棒与溶液瓶不同心、搅拌不稳的现象，请重新调整旋紧

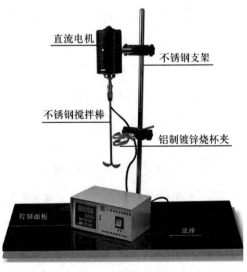

图1-8　电动搅拌器

夹头，使搅拌棒与溶液瓶同心。若使用三角烧瓶搅拌，将搅拌棒中心对准三角烧瓶中心，然后再开机搅拌。

二、气流烘干器

气流烘干器（图1-9）是一种用于快速烘干仪器的设备。使用时，将仪器洗净后，沥干水分，然后将仪器套在烘干器的多孔金属管（风管）上。先吹冷风，然后吹热风，最后再用冷风吹，使玻璃仪器冷却至室温，避免水汽再次冷凝后残留在容器内。气流烘干器不宜长时间加热，以免烧坏电机和电热丝。

图1-9　气流烘干器

三、烘箱

使用烘箱（图1-10）烘干物品的基本操作如下。

1. 把需干燥处理的物品放入烘箱内，关好箱门。

2. 根据被干燥物品的潮湿程度，将风门调节旋钮调到"MIN"或"MAX"处。

3. 打开电源开关，电源指示灯亮，温度控制器有显示。

4. 设定温度控制器，打开风机开关，风机按要求自动运行。

5. 干燥结束后，关闭电源开关，取出物品。

四、电子天平的使用方法

1. 水平调节　观察水平仪，水平气泡位于中央，如水平气泡发生偏移，需调节天平脚部的螺丝使水平气泡位于正中位置（图1-11）。天平每移动一次位置都需要重新进行水平调节。

2. 天平自测　接通电源显示器显示"OFF"。按"ON"键，天平进入自测，显示"0.0000 g"，即自测通过，进入称量工作状态。

图 1-10　烘箱

图 1-11　电子天平

3. 预热　为了获得精确的称量结果，天平需预热 1 小时以达到稳定的工作温度。一次称量完毕，若短时间内再使用天平，一般不用切断电源，以节省预热时间。

4. 校准　天平安装后，第一次使用前应对天平进行校准。位置移动、环境变化或为获得精确测量时及天平每天首次使用前一般也应进行校准操作。其操作如下：按"T"键，显示"0.0000 g"；按"C"键，显示"CAL"；在秤盘中央加 100 g 标准砝码，同时关上防风罩的玻璃门，等待天平内部自动校准；当显示器出现校准砝码名义值，同时蜂鸣器响声出现后，天平校准结束。移去校准砝码，天平稳定后显示"0.0000 g"。

5. 称量　按"T"键，显示"0.0000 g"后，将被称物放于秤盘上，同时关上天平防风罩的玻璃门，待数字稳定后，该数字即为被称物的质量值。

6. 去皮称量　在天平显示"0.0000 g"时，将容器放于秤盘上，同时关上天平防风罩的玻璃门，天平显示容器质量，再按"T"键，即"去皮"显示"0.0000 g"。将被称物（粉末状或液体）逐步加入容器中直至达到所需质量，这时显示的是被称物的净质量。将秤盘上的所有物品拿开后，天平显示负值，按"T"键，天平显示"0.0000 g"。

若称量过程中秤盘上的总质量超过最大载荷时，天平仅显示上部线段，此时应立即减小载荷。

7. 称量结束　按"OFF"键关闭显示器。若当天不再使用天平，应拔下电源插头。

五、循环水式多用真空泵

循环水式多用真空泵（图 1-12）是实验室在减压要求不高的时候常用的抽气减压设备。使用循环水式多用真空泵时，首先需要在真空泵中加上干净的循环

图 1-12　循环水式多用真空泵

水，将真空泵抽气口接上真空胶管并与抽滤瓶或缓冲瓶连接，检查连接处的气密性。

插上电源，打开电源开关，关闭缓冲瓶上的两通活塞，真空表显示真空度上升，仪器进入正常运行，开始抽真空。

如真空抽不上来需检查各接头、接口是否密封，密封圈是否有效，主轴与密封圈之间真空脂是否涂好，真空泵及其皮管是否出现漏气或玻璃件是否有裂缝、碎裂、损坏的现象。

抽真空结束后，先将连接抽滤瓶的真空胶管拆开或慢慢打开缓冲瓶的两通活塞，再把电源开关关闭，最后拔下电源插头。一定要在有循环水的情况下打开电源开关。抽真空结束，应先打开通大气的活塞，再把电源开关关闭，否则容易导致循环水倒抽。

长时间不使用真空泵时，需将循环水放掉。循环水最好能经常更换。

六、旋转蒸发仪

旋转蒸发仪是由发动机带动可旋转的蒸发器（圆底烧瓶）、冷凝器和接收器组成（图1-13）。旋转蒸发仪是通过电子调速，使烧瓶在最合适的速度下恒速旋转，在加热恒温负压条件下，使瓶内溶液扩散蒸发，然后再冷凝回收溶剂。仪器可在常压或减压下操作，可一次进料，也可分批吸入蒸发料液。由于蒸发仪的不断旋转，可免加沸石而不会暴沸。蒸发仪旋转时，会使料液的蒸发面积显著增加，加快蒸发速度。它是化学实验中浓缩液体、回收溶剂的理想装置。

图1-13 旋转蒸发仪

旋转蒸发仪使用注意事项：

1. 玻璃零件安装、连接时应轻拿轻放，容器安装前应洗净，然后将其擦干或烘干；

2. 各接口、密封面、密封圈及接头在安装前都需要涂一层真空脂；

3. 加热槽通电前必须加水，不允许干烧。

（许志玲）

第四节　有机化学实验基本操作

从自然界和化学反应中得到的有机化合物往往不纯，需要进行分离和提纯。分离和提纯的方法较多，包括蒸馏、分馏、萃取、重结晶、升华、层析等。这些方法各有其特点和局限性，应用范围各不相同。因此纯化有机化合物时，需要根据其物理性质和化学性质来选用适当的分离方法。

一、液体有机化合物的分离和提纯

（一）蒸馏

蒸馏操作中最简单的是简单蒸馏，其分离能力较强，它是分离和提纯有机化合物非常重要的方法之一；而在工业上广泛采用精密分馏，简称精馏。蒸馏操作通常可分为常压蒸馏、减压蒸馏和水蒸气蒸馏。

1. 常压蒸馏

（1）常压蒸馏的原理：当液态物质受热时，由于分子运动使其从液体表面逃逸出来，形成蒸气压，随着温度升高，蒸气压增大至与大气压或所给压力相等时，液体出现沸腾，此时的温度称为该液体的沸点。每种纯液态有机化合物在一定压力下均具有固定的沸点。所谓蒸馏就是将液态物质加热到沸腾变为蒸气，又将蒸气冷凝为液体这两个过程的联合操作。利用蒸馏可将沸点相差较大（一般相差 30 ℃以上）的液态混合物分开，加热过程中，沸点较低的化合物先蒸出，沸点较高的化合物后蒸出，难挥发的物质留在蒸馏器内，即可达到分离和提纯的目的。

蒸馏操作是有机化学实验中常用的实验技术，一般用于下列几方面：①分离液体混合物，仅当混合物中各成分的沸点有较大差别时才能达到有效的分离；②测定化合物的沸点；③提纯，除去不挥发的杂质；④回收溶剂，或蒸出部分溶剂以浓缩溶液。蒸馏作为分离和提纯液态有机化合物常用的方法之一，是重要的基本操作，必须熟练掌握。

当蒸馏沸点比较接近的混合物时，各种物质的蒸气将同时蒸出，只不过低沸点的化合物产生的量多一些，故难以达到分离和提纯的目的，此时可以借助分馏。

纯液态有机化合物在蒸馏过程中沸点范围很小（0.5 ~ 1 ℃），所以，可以利用蒸

馏来测定沸点，用蒸馏法测定沸点的方法称为常量法，此法样品用量较大，要 10 ml
以上，若样品不多时，则可采用微量法。

为了消除在蒸馏过程中的过热现象和保证沸腾的平稳状态，常加入素烧瓷片、沸
石，或一端封口的毛细管，它们都能防止加热时出现的暴沸现象，故称为止暴剂。止
暴剂在蒸馏加热前就需要先加入。当加热后才发现未加止暴剂或原有止暴剂失效时，
千万不要匆忙地补投止暴剂。在液体沸腾时投入止暴剂，将会引起猛烈的暴沸，液体
易冲出瓶口，若是易燃的液体，将会引起火灾。所以，切记在补投止暴剂时，应使沸
腾的液体冷却至沸点以下后才能加入止暴剂。如蒸馏中途停止，需继续蒸馏时，也必
须在加热前补添新的止暴剂，以免出现暴沸。

（2）常压蒸馏的步骤：常压蒸馏的步骤依次包括仪器安装、加料、加止暴剂（沸石）、
加热、收集馏分、停止蒸馏。

1）仪器安装：常压蒸馏装置由蒸馏瓶（长颈或短颈圆底烧瓶）、蒸馏头、温度计
套管、温度计、直形冷凝管、接收管、接收瓶等组装而成，见图 1-14。

普通蒸馏装置在装配过程中应注意：①为了保证温度测量的准确性，温度计水银
球的位置应放置如图 1-15 所示，即温度计水银球上限与蒸馏头支管下限在同一水平线
上。②任何蒸馏或回流装置均不能全部密封，否则，当液体蒸气压增大时，轻者蒸气
会冲开连接口，使液体冲出蒸馏瓶，重者会发生装置爆炸而引起火灾。③安装仪器时，
应首先确定仪器的高度，一般在铁架台上放一块 2 cm 厚的板，将电热套放在板上，再
将蒸馏瓶放置于电热套中间。然后，按自下而上、从左至右的顺序组装，仪器组装应
做到横平竖直，铁架台一律整齐地放置于仪器背后。

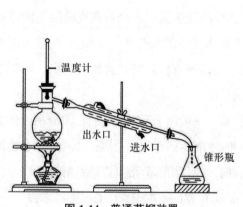

图 1-14　普通蒸馏装置

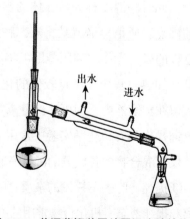

图 1-15　普通蒸馏装置放置温度计的位置

2）常压蒸馏操作：①加料。做任何实验都应先组装仪器后再加原料。加液体原料
时，取下温度计和温度计套管，在蒸馏头上口放一个长颈漏斗，注意长颈漏斗下口处

的斜面应超过蒸馏头支管，慢慢地将液体倒入蒸馏瓶中。②加沸石。为了防止液体暴沸，再加入 2～3 粒沸石。沸石为多孔性物质，刚加入液体中时小孔内有许多气泡，它可以将液体内部的气体导入液体表面，形成气化中心。加热中断时，因原来沸石上的小孔已被液体充满，不能再起气化中心的作用，再次加热时应重新加入更新的沸石。同理，分馏和回流时也要加入沸石。③加热。加热前检查仪器装配是否正确，原料、沸石是否加好，冷凝水是否通入（冷凝水下口进水，上口出水），一切无误后再开始加热。开始加热时，电压可以调得略高一些，一旦液体沸腾，水银球部位出现液滴，开始控制变压器电压，以蒸馏速度每秒 1～2 滴为宜。蒸馏时，温度计水银球上应始终保持有液滴存在，如果没有液滴说明可能有两种情况：a. 温度低于沸点，体系内气 - 液相没有达到平衡，此时将电压调高；b. 温度过高，出现过热现象，此时，温度已超过沸点，应将电压调低。④收集馏分。收集馏分时，应取下接收馏头（沸点较低组分）的容器，换一个经过称量干燥的容器来接收馏分，即产物。当温度超过沸程范围时，停止接收。沸程越小，蒸出的物质越纯。⑤停止蒸馏。馏分蒸完后，如不需要接收第二组分，可停止蒸馏。应先停止加热，将变压器调至零点，关掉电源，取下电热套。待稍冷却后馏出物不再继续流出时，取接收瓶保存好产物，关闭冷凝水，按安装仪器的相反顺序拆除仪器，即按次序取下接收瓶、接引管、冷凝管和蒸馏烧瓶，并加以清洗。

　　3）注意事项：①蒸馏前应根据待蒸馏液体的体积，选择合适的蒸馏瓶。一般被蒸馏的液体占蒸馏瓶容积的 2/3 为宜，蒸馏瓶越大，产品损失越多。②在加热开始后若发现没加沸石，应先停止加热，待稍冷后再加入沸石。千万不可在沸腾或接近沸腾的溶液中加入沸石，以免在加入沸石的过程中发生暴沸。③对于沸点较低又易燃的液体，如乙醚，应使用水浴加热，而且蒸馏速度不能太快，以保证蒸气全部冷凝。如果室温较高，接收瓶应放在冷水中冷却，在接引管支口处连接橡胶管，将未被冷凝的蒸气导入流动的水中带走。④蒸馏沸点高于 130 ℃的液体时，应选择空气冷凝管。因为蒸馏产物温度高，水作为冷却介质，冷凝管内外温差增大，而使冷凝管接口处局部骤然遇冷容易断裂。⑤温度计水银球的上限应与蒸馏头的支管下限在同一水平线上；冷凝水应从冷凝管的下口流入，上口流出，以保证冷凝管的套管中始终充满冷凝水。记录蒸馏液开始流出和最后一滴时的指示温度，两者之差即为该馏分的沸程。蒸馏完毕，先停止加热，然后停止通水，再拆卸仪器。

　　2. 水蒸气蒸馏

　　（1）水蒸气蒸馏的原理：当两种互不相溶（或难溶）的液体 A 与 B 共存于同一体系时，每种液体都有各自的蒸气压，其蒸气压力的大小与每种液体单独存在时的蒸气压力一样（彼此不相干扰）。根据道尔顿（Dalton）分压定律，混合物的总蒸气压（P）

为各组分蒸气压之和。

$$P = P_A + P_B$$

混合物的沸点是总蒸气压等于外界大气压时的温度，因此混合物的沸点比其中任一组分的沸点都要低。水蒸气蒸馏利用这一原理，将水蒸气通入不溶或难溶于水的有机化合物中，使该有机化合物在 100 ℃以下便能随水蒸气一起蒸馏出来。当馏出液冷却后，有机液体通常可从水相中分层析出。

根据气态方程式，在馏出液中，随水蒸气蒸出的有机化合物与水的摩尔数之比（n_A、n_B 表示此两种物质在一定容积的气相中的摩尔数）等于它们在沸腾时混合物蒸气中的分压之比。

$$\frac{n_A}{n_B} = \frac{P_A}{P_B}$$

而 $n_A = W_A/M_A$，$n_B = W_B/M_B$。其中 W_A、W_B 为各物质在一定容积中蒸气的质量，M_A、M_B 为其分子量。因此这两种物质在馏出液中的相对质量可按下式计算：

$$\frac{W_A}{W_B} = \frac{M_A \cdot n_A}{M_B \cdot n_B} = \frac{M_A \cdot P_A}{M_B \cdot P_B}$$

例如：1- 辛醇和水的混合物用水蒸气蒸馏时，该混合物的沸点为 99.4 ℃，可以从数据手册查得纯水在 99.4 ℃时的蒸气压为 744 mmHg，因为 P 必须等于 760 mmHg，因此 1- 辛醇在 99.4 ℃时的蒸气压必定等于 760 mmHg，所以馏出液中 1- 辛醇与水的质量比为：

$$\frac{1\text{- 辛醇的质量}}{\text{水的质量}} = \frac{130 \times 16}{18 \times 744} \approx \frac{0.155}{1}$$

即蒸出 1 g 水能够带出 0.155 g 1- 辛醇，1- 辛醇在馏出液中占 13.44%。

上述关系式只适用于与水互不相溶或难溶的有机化合物，而实际上很多有机化合物在水中或多或少能溶解一些，这样计算的结果仅为近似值，而实际馏出的组分比理论值低。如果被分离提纯的物质在 100 ℃以下的蒸气压为 1 ~ 5 mmHg，则其在馏出液中的含量约占 1%，甚至更低，这时就不能采用水蒸气蒸馏进行分离提纯，而要采用过热水蒸气蒸馏，方能提高被分离或提纯物质在馏出液中的含量。

水蒸气蒸馏是分离和纯化有机化合物的重要方法之一，它广泛用于从天然原料中分离出液体和固体产物，特别适用于分离那些在其沸点附近易分解的物质；也适用于分离含有不挥发性杂质或大量树脂状杂质的产物；还适用于从较多固体反应混合物中分离被吸附的液体产物。其分离效果较常压蒸馏或重结晶好。

使用水蒸气蒸馏法时，被分离或纯化的物质应具备下列条件：①一般不溶或难溶于水；②在沸腾下可以与水长时间共存，且不发生化学反应；③在 100 ℃左右时应具有一定的蒸气压（一般不小于 10 mmHg）。

（2）水蒸气蒸馏的装置：水蒸气蒸馏装置由水蒸气发生器和简单蒸馏装置组成，图 1-16 所示为实验室常用水蒸气蒸馏装置。当用直接法进行水蒸气蒸馏时，用简单蒸馏或分馏装置即可。

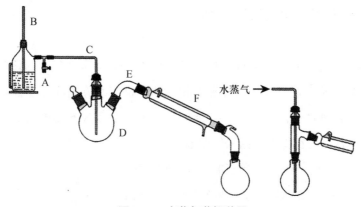

图 1-16　水蒸气蒸馏装置

A. 发生器　B. 玻璃管　C. 转折管　D. 三口烧瓶　E. 转接头　F. 直形冷凝管

水蒸气发生器的上边安装一根长的玻璃管，将此管插入发生器，距底部约 1.2 cm，可用来调节体系内部的压力并可防止系统发生堵塞时出现危险，蒸气出口管与冷阱连接，冷阱是一支玻璃三通管，它的一端与发生器连接，另一端与蒸馏装置连接，下口接一段软的橡皮管，用螺旋夹夹住，以便调节蒸气量。在与蒸馏系统连接时管路越短越好，否则水蒸气冷凝后会降低蒸馏瓶内温度，影响蒸馏效果。

（3）水蒸气蒸馏的操作要点

1）蒸馏瓶可选用圆底烧瓶，也可用三口烧瓶。被蒸馏液体的体积不应超过蒸馏瓶容积的 1/3。将混合液加入蒸馏瓶后，打开冷阱上的螺旋夹。开始加热水蒸气发生器，使水沸腾。当有水从冷阱下面喷出时，将螺旋夹拧紧，使蒸气进入蒸馏系统。调节进气量，保证蒸气在冷凝管中全部冷凝下来。

2）在蒸馏过程中，若插入水蒸气发生器中的玻璃管内，蒸气突然上升至几乎喷出时，说明蒸馏系统内压增高，可能系统内发生堵塞。应立刻打开螺旋夹，移走热源，停止蒸馏，待故障排除后方可继续蒸馏。当蒸馏瓶内的压力大于水蒸气发生器内的压力时，将发生液体倒吸现象，此时，应打开螺旋夹或对蒸馏瓶进行保温，加快蒸馏速度。

3）当馏出液不再浑浊时，用表面皿取少量流出液，在日光或灯光下观察是否有油珠状物质，如果没有，可停止蒸馏。

4）停止蒸馏时先打开冷阱上的螺旋夹，移走热源，待稍冷却后，将水蒸气发生器与蒸馏系统断开。然后再收集馏出物或残液（有时残液是产物），最后拆除仪器。

（二）简单分馏

简单分馏主要用于分离两种或两种以上沸点相近且混溶的有机溶液。分馏在实验室和工业生产中广泛应用，在工业上常称为精馏。

1. 分馏原理　简单蒸馏只能使液体混合物得到初步的分离。为了获得高纯度的产品，理论上可采用多次部分气化和多次部分冷凝的方法，即将简单蒸馏得到的馏出液，再次部分气化冷凝，以得到纯度更高的馏出液；而将简单蒸馏剩余的混合液再次部分气化，则得到易挥发组分占比更低、难挥发组分占比更高的混合液。只要上面这一过程重复的次数足够多，就可以将两种沸点相近的有机溶液分离成纯度很高的易挥发组分和难挥发组分两种产品。简言之，分馏即进行了反复多次的简单蒸馏，在实验室常采用分馏柱来实现，而在工业上则采用精馏塔。

2. 分馏装置　分馏装置与简单蒸馏装置类似，不同之处是在蒸馏瓶与蒸馏头之间增加了一根分馏柱，如图 1-17 所示。分馏柱的种类很多，实验室常用韦氏分馏柱。半微量实验一般用填料柱，即在一根玻璃管内填上惰性材料，如玻璃、陶瓷或螺旋形、马鞍形等各种形状的金属小片。

3. 分馏过程　当液体混合物沸腾时，混合物蒸气进入分馏柱（可以是填料塔，也可以是板式塔），蒸气沿柱身上升，通过柱身进行热交换，在塔内进行反复多次的冷凝 - 气化 - 再冷凝 - 再气化过程，以保证达到柱顶的蒸气为高纯度的易挥发组分，而蒸馏瓶中的液体为难挥发组分，从而高效率地将混合物分离。分馏柱沿柱身存在着动态平衡，不同高度段存在着温度梯度。此过程是一个热和质的传递过程。

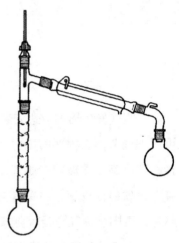

图 1-17　简单分馏装置

（三）萃取

萃取是物质从一相向另一相转移的操作过程。它是有机化学实验中用来分离或纯化有机化合物的基本操作之一。萃取可以从固体或液体混合物中提取出所需要的物质，也可以用来洗涤除去混合物中少量杂质。通常前者称为"萃取"（或"抽提"），后者称为"洗涤"。

按照被提取物质状态的不同，萃取分为两种：一种是用溶剂从液体混合物中提取所需物质，称为液 - 液萃取；另一种是用溶剂从固体混合物中提取所需物质，称为液 - 固萃取。

1. 基本原理

（1）液 - 液萃取：液 - 液萃取是利用物质在两种互不相溶（或微溶）的溶剂中溶解度或分配系数的不同，使物质从一种溶剂中转移到另一种溶剂中。分配定律是液 - 液萃取的主要理论依据。在两种互不相溶的混合溶剂中加入某种可溶性物质时，它能以不同的溶解度分别溶解于此两种溶剂中。实验证明，在一定温度下，若该物质的分子在此两种溶剂中不发生分解、电离、缔合和溶剂化等作用，则此物质在两液相中浓度之比为一常数，与加入物质的量的多少无关。用公式表示为：

$$\frac{C_A}{C_B} = K$$

C_A、C_B 表示一种物质在 A、B 两种互不相溶的溶剂中的物质的量的浓度。K 是一个常数，称为"分配系数"，它可以近似看作是物质在两溶剂中溶解度之比。

一般情况下，由于有机化合物在有机溶剂中的溶解度大于其在水中的溶解度，可以用与水互不相溶的有机溶剂将有机化合物从水溶液中萃取出来。一般从水溶液中萃取有机化合物时，选择合适的萃取溶剂需要遵循的原则为：溶剂在水中的溶解度很小或几乎不溶；被萃取物在溶剂中的溶解度大于其在水中的溶解度；溶剂与水和被萃取物都不发生反应。为了萃取后溶剂易于和溶质分离，最好选择低沸点溶剂，萃取后溶剂可采用常压蒸馏回收。此外，价格便宜、操作方便、毒性小、不易着火也是常常要考虑的因素。

常用的萃取溶剂有乙醚、苯、四氯化碳、氯仿、石油醚、二氯甲烷、二氯乙烷、正丁醇、乙酸酯等。一般水溶性较小的化合物可选择石油醚萃取；水溶性较大的化合物选择苯或乙醚萃取；水溶性极大的化合物选择乙酸乙酯萃取。

常用的萃取操作包括：①用有机溶剂从水溶液中萃取有机反应物；②通过水萃取，从反应混合物中除去酸碱催化剂或无机盐类；③用稀碱或无机酸溶液萃取有机溶剂中的酸或碱，使之与其他的有机化合物分离。

（2）液 - 固萃取：液固萃取是利用固体物质在溶剂中的溶解度不同来分离、提取固体混合物中所需物质。通常采用长期浸出法或采用索氏提取器（又称脂肪提取器，如图 1-18 所示）来提取物质。前者是用溶剂长期浸润固体物质，将所需物质溶解于溶剂中，然后用过滤或倾析的方法把萃取液和残留的固体分开，这种方法效率不高，耗时长，溶剂用量大，实验室不常采用。

固体物质常采用热溶剂萃取，特别是有的物质低温时难溶，高温时易溶，须采用热溶剂萃取。一般采用回流装置进行热提取，固体混合物在一段时间内被沸腾的溶剂浸润溶解，从而将所需的有机化合物提取出来。为了防止有机溶剂的蒸气逸出，常用回流冷凝装置，使溶剂蒸气不断地在冷凝管内冷凝，形成液体回流于烧瓶中。回流的速度一般应控制在溶剂蒸气上升的高度不超过冷

图 1-18　索氏提取器

凝管高度的 1/3。

2. 萃取操作方法　萃取常用的仪器为分液漏斗。使用前须先检查下口活塞和上口塞子是否存在漏液现象。检查方法：在活塞处涂少量凡士林，旋转几圈将凡士林涂抹均匀。在分液漏斗中加入一定量的水，将上口塞子塞好，上下摇动分液漏斗中的水，检查是否漏水。确定不会漏液后再使用。

将待萃取的原溶液倒入分液漏斗中，再加入萃取溶剂，将塞子塞紧，用右手的拇指和中指拿住分液漏斗，示指压住上口塞子，左手的示指和中指夹住下口管，同时，示指和拇指控制活塞（图 1-19）。然后将漏斗平放，前后摇动或进行圆周运动，使液体振动起来，两相充分接触。在振动过程中应注意不断放气，以免萃取或洗涤时，内部压力过大，造成漏斗的塞子被顶开，使液体喷出，严重时会引起漏斗爆炸，造成伤人事故。放气时，将漏斗的下口向上倾斜，使液体集中在下面，用控制活塞的拇指和示指打开活塞放气，注意放气口不要对着人，一般振动两三次就放一次气。经几次摇动放气后，将漏斗放在铁架台的铁圈上，将塞子上的小槽对准漏斗上的通气孔，静置 2 ~ 5 分钟。待液体分层后将萃取相（即有机相）倒出，放入预先干燥好的锥形瓶中，萃余相（水相）再加入新萃取剂继续萃取。重复以上操作过程几次，萃取后，合并萃取相，加入干燥剂进行干燥。干燥后，先将低沸点的物质和萃取剂用简单蒸馏的方法蒸出，然后视产品的性质选择合适的纯化手段。

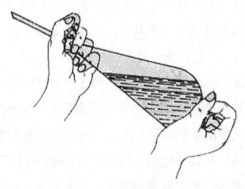

图 1-19　手握分液漏斗的姿势

当被萃取的原溶液量很少时，可采取微量萃取技术进行萃取。取一支离心分液管放入原溶液和萃取剂，盖好盖子，用手摇动分液管，或用滴管向液体中鼓气，使液体充分接触，并注意随时放气。静置分层后，用滴管将萃取相吸出，在萃余相中加入新的萃取剂继续萃取。之后的操作如前所述。

在萃取操作中注意的问题：①分液漏斗中的液体不宜太多，以免摇动时影响液体接触而使萃取效果下降。②液体分层后，上层液体由上口倒出，下层液体由下口经活塞放出，避免产品污染。③溶液呈碱性时，常产生乳化现象。有时由于存在少量轻质沉淀、两液相密度接近、两液相部分互溶等都会引起分层不明显或不分层。此时，需要静置时间长一些，或加入一些食盐，以增加两相的密度，使絮状物溶于水中，迫使有机化合物溶于萃取剂中。另外也可以选择加入几滴酸、碱、醇等，以破坏乳化现象。如上述方法仍然不能将絮状物破坏，分液时，应将絮状物与萃余相（水层）一起放出。④液体分层后应正确判断萃取相（有机相）和萃余相（水相），一般根据两相的密度来确定，密度大的在下面，密度小的在上面。如果暂时不能明确判断，应将两相分别保存起来，待确定后，再弃掉不要的液体。

二、固体有机化合物的提纯

从有机反应中或是从天然物中获取的固体有机化合物常含有杂质，必须加以纯化。重结晶和升华是实验室常用的固体有机化合物的提纯方法。

（一）重结晶

用适当的溶剂进行重结晶是纯化固体有机化合物常用的方法之一。固体有机化合物在溶剂中的溶解度与温度有密切关系。一般温度升高溶解度增大。若把待纯化的固体有机化合物溶解在热的溶剂中达到饱和后，在冷却过程中，由于溶解度降低，溶液变成过饱和溶液而析出晶体。重结晶就是利用溶剂对被提纯物质及杂质的溶解度不同，让杂质全部或大部分留在溶液中（或被过滤除去），从而达到分离纯化的目的。重结晶一般包括以下的步骤。

1. 溶剂的选择　在进行重结晶时，选择理想的溶剂是关键。理想的溶剂必须具备下列条件。

（1）不与被提纯物质起化学反应。

（2）温度较高时，被提纯物质在溶剂中的溶解度大，室温或较低温度时溶解度很小。

（3）杂质在溶剂中的溶解度非常大时，使杂质留在母液中不随被提纯晶体一同析出；杂质在溶剂中的溶解度非常小时，使杂质在加热过滤时除去。

（4）溶剂沸点较低，易挥发，易与结晶分离除去。

除以上条件外，还要考虑能否得到较好的结晶，以及溶剂的毒性、易燃性和价格等因素。

若不能选到合适的单一溶剂，可使用混合溶剂。混合溶剂一般由两种能互溶的溶剂组成，其中一种对被提纯的化合物溶解度较大，而另一种溶解度较小，常用的混合溶剂有：乙醇 - 水、乙酸 - 水、苯 - 石油醚、乙醚 - 甲醇等。

2. 固体的溶解　要使重结晶得到的产品纯度高，且回收率高，溶剂的用量是关键，如果溶剂用量太大，会使待提纯物过多留在母液中造成损失；如果溶剂用量太少，在随后的趁热过滤中又易析出晶体而造成损失。因此，溶剂用量一般会选择比刚好形成饱和溶液的理论需要量多加入 10% ~ 20%。

3. 脱色　不纯的有机化合物常含有色杂质，可向溶液中加入少量活性炭来吸附这些杂质。加入活性炭的方法是在沸腾的溶液稍微冷却后加入适量活性炭。活性炭的用量视杂质多少而定，一般为干燥的粗品重量的 1% ~ 5%。加入活性炭后，煮沸 5 ~ 10 分钟，不时搅拌以防暴沸。

4. 热过滤　为除去不溶性杂质和活性炭需要趁热进行过滤。由于在过滤的过程中溶液的温度下降，往往导致结晶析出，因此常使用保温漏斗（热水漏斗）过滤。保温漏斗要用铁夹固定好，注入热水，并预先烧热。若是易燃的有机溶剂，应熄灭火焰后再进行热滤；若溶剂是不可燃的，则可煮沸后一边加热一边热滤。

滤纸折成扇形（又称折叠滤纸或菊花形滤纸）能够提高过滤速度。具体折法如图 1-20 所示。

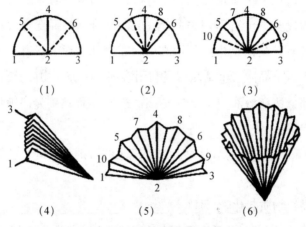

图 1-20　扇形滤纸的折法

5. 结晶　让热滤液在室温下慢慢冷却，结晶随之形成。如果冷却时无结晶析出，可加入一小颗原来固体的结晶（作为晶种），或用玻璃棒在液面附近的玻璃容器壁上稍稍用力摩擦，以引发结晶。

6. 抽气过滤（减压过滤）　一般采用布氏漏斗抽气过滤的方法分离结晶与母液。其装置如图 1-21 所示。

根据需要选用大小合适的布氏漏斗和刚好覆盖住布氏漏斗底部的滤纸。先用与待滤液相同的溶剂湿润滤纸，然后打开抽气泵，并慢慢关闭安全瓶上的活塞使抽滤瓶中产生部分真空，使滤纸紧贴漏斗。然后将待滤液及晶体倒入漏斗中，液体穿过滤纸，晶体残留在滤纸上。关闭抽气泵前，需要先将安全瓶上的活塞打开或拆开抽滤瓶侧管上连接的橡皮管，以免水倒吸流入抽滤瓶中。过滤少量的结晶（1～2 g以下）时，可用玻璃钉过滤抽气装置，如图1-22所示。

7. 干燥结晶　用重结晶法纯化后的晶体，其表面还会吸附少量溶剂，应根据所用溶剂及结晶的性质选择恰当的方法进行干燥。固体的干燥方法很多，常用的方法有：①空气干燥；②烘干；③干燥器干燥。

图1-21　减压过滤装置

图1-22　玻璃钉过滤抽气装置

（二）升华

与液体相同，固体物质也有一定的蒸气压，并随温度变化而变化。加热时，物质自固态不经过液态而直接气化为蒸气，这个过程称为升华，蒸气冷却又直接凝固为固态物质。升华法提纯利用的是固体混合物中被纯化固体物质与其他固体物质（或杂质）具有不同的蒸气压。

升华是纯化固体物质的另外一种方法，特别适用于在熔点温度以下蒸气压较高（高于20 mmHg）的固体物质的纯化，利用升华可除去不挥发性杂质或分离不同挥发度的固体混合物，升华获得的产品具有较高纯度，但由于操作时间较长，损失较大，因此在实验室中升华法一般用于少量化合物（1～2 g）的提纯。

固体物质在熔点温度以下具有足够大的蒸气压，则可用升华的方法来提纯。显然，欲纯化物质中杂质的蒸气压必须很低，分离效果才好。但在常压下具有适宜升华蒸气压的有机化合物不多，常常需要减压以增加固体的气化速率，即采用减压升华。这与对高沸点液体进行减压蒸馏是同一道理。

把待精制的物质放入蒸发皿中，用一张扎有若干小孔的圆滤纸把锥形漏斗的口包起来，把此漏斗倒扣在蒸发皿上，漏斗茎部填塞一团棉花，加热蒸发皿，逐渐升高温度，使待精制的物质气化，蒸气通过滤纸孔，遇到漏斗的内壁，冷凝为晶体附着在漏斗的内壁和滤纸上。在滤纸上穿小孔可防止升华后形成的晶体落回到下面的蒸发皿。

较大量物质的升华，可在烧杯中进行。烧杯上放置通冷水的烧瓶，使蒸气在烧瓶底部凝结成晶体并附在瓶底上。升华前，必须把待精制的物质进行充分干燥。

图 1-23 所示为常用的升华装置。其中图 A、图 B 为常压升华装置，图 C 为减压升华装置。

图 1-23　升华装置（升华少量物质）

（袁桃花）

第五节　色谱分离技术

色谱分离技术又称层析分离技术或色层分离技术，是一种分离复杂混合物中各个组分的有效方法。它是利用在固定相和流动相构成的体系中，不同物质具有不同分配系数，当两相相对运动时，这些物质随流动相一起运动，并在两相间进行反复多次的分配，最终使各物质分离。

一、柱色谱法

柱色谱法又称层析法，是一种以分配平衡为原理的分离方法。色谱体系包含两个相，一个是固定相，一个是流动相。当两相相对运动时，反复多次地利用混合物中所含各组分分配平衡性质的差异，最后达到彼此分离的目的。柱色谱法是纯化和分离有机或无机物的一种常用方法。其中固定相极性大于流动相极性的色谱为正相色谱，相反的为反相色谱。柱色谱法分离的原理包含吸附、洗脱、再吸附、再脱附的基本过程，根据相似相溶原理，混合物中流动相溶解度较大的先出柱，在固定相中溶解度较大的物质保留时间较长，难被洗脱，后出柱。利用柱色谱法分离混合物，其分离效果受多种因素的影响。

（一）吸附剂

一种合适的吸附剂，一般应满足几个基本要求：①与样品组分和洗脱剂都不会发生任何化学反应，在洗脱剂中也不会溶解。②具有足够的吸附力，与待分离组分间能够进行可逆的吸附，使组分在固定相与流动相之间能最快地达到平衡。③颗粒大小适当，形状均匀，保证洗脱剂能够以一定的流速（一般为每分钟 1.5 ml）通过色谱柱。④无色，便于观察，材料易得，价格便宜。常见的作为的吸附剂的物质有氧化铝、硅胶、聚酰胺、硅酸镁、滑石粉、氧化钙（镁）、淀粉、纤维素、蔗糖和活性炭等。

1. 氧化铝　市售的层析用氧化铝有碱性、中性和酸性三种类型，粒度规格大多为 100 ～ 150 目。

（1）碱性氧化铝（pH 9 ～ 10）：适用于碱性物质（如胺、生物碱）和对酸敏感的样品（如缩醛、糖苷），也适用于烃类、甾体化合物等中性物质的分离。但碱性氧化铝吸附剂能引起被吸附的醛或酮缩合、酯或内酯水解、醇羟基脱水、乙酰糖去乙酰化、维生素 A 或维生素 K 被破坏等副反应。

（2）酸性氧化铝（pH 3.5 ~ 4.5）：适用于酸性物质如有机酸、氨基酸的分离。

（3）中性氧化铝（pH 7 ~ 7.5）：适用于醛、酮、醌、苷和硝基化合物及在碱性介质中不稳定的物质如酯、内酯的分离，也可以用来分离弱的有机酸和碱等。

2. 硅胶　硅胶是硅酸部分脱水后的产物，其成分是 $SiO_2 \cdot xH_2O$，又称缩水硅酸。柱色谱法用硅胶一般不含粘合剂。

3. 聚酰胺　聚酰胺是聚己内酰胺的简称，商业上称其为锦纶、尼龙 -6 或卡普纶。色谱用聚酰胺是一种白色多孔性非晶体粉末，它是用锦纶丝溶于浓盐酸中制成。聚酰胺不溶于水和一般有机溶剂，易溶于浓无机酸、酚、甲酸、热的乙酸、甲酰胺和二甲基甲酰胺。聚酰胺分子表面的酰氨基和末端胺基可以与酚类、酸类、醌类、硝基化合物等形成强度不等的氢键，因此可用于分离上述化合物，也可用于分离含羟基、氨基、亚氨基的化合物及腈和醛等类化合物。

4. 硅酸镁　中性硅酸镁的吸附特性介于氧化铝和硅胶之间，主要用于分离甾体化合物和某些糖类衍生物。硅酸镁使用前先用稀盐酸洗涤，然后再用乙酸洗涤，最后用甲醇和蒸馏水彻底洗涤至中性，即可获得中性硅酸镁。

（二）吸附剂和洗脱剂的选择

样品在色谱柱中的移动速度和分离效果取决于吸附剂对样品各组分的吸附能力大小、洗脱剂对各组分的解吸能力大小，因此，吸附剂的选择和洗脱剂的选择常常是结合起来进行的。首先，根据待分离物质的分子结构和性质，结合各种吸附剂的特性，初步选择一种吸附剂。然后根据吸附剂和待分离物质之间的吸附力大小，选择出适合样品分离的洗脱剂。最后，采用薄层色谱法进行试验。根据试验结果，再进一步决定是调节吸附剂的活性，还是更换吸附剂的种类，或是改变洗脱剂的极性，直到确定合适的吸附剂和洗脱剂为止。

物质与吸附剂之间的吸附能力大小既与吸附剂的活性有关，又与物质的分子极性有关。分子极性越强，吸附能力越大，分子中所含极性基团越多，极性基团越大，其吸附能力也就越强。具有下列极性基团的化合物，吸附能力的大小顺序为：

$$—Cl，—Br，—I <—C\!\!=\!\!C— <—OCH_3 <—CO_2R <—CO— <—CHO <$$

$$—SH <—NH_2 <—OH <—COOH$$

（三）柱色谱法基本操作步骤

1. 装柱　色谱柱的一般柱管的直径为 0.5 ~ 10 cm，长度为直径的 10 ~ 40 倍。填充吸附剂的量为样品重量的 20 ~ 50 倍，柱体高度应占柱管高度的 3/4，柱子过于细长或过于粗短都不好。装柱前，柱子应保持干净、干燥，并垂直固定于铁架台上，将少量洗脱剂注入柱内，取一小团玻璃毛或脱脂棉用溶剂润湿后放入管中，然后用长玻璃棒轻轻送到底部，适当挤压整理，赶出玻璃毛或脱脂棉团中的气泡，但不能压得太紧，以免阻碍溶剂畅流（如色谱柱带有筛板，可省略此操作）。再在上面加入一层约 0.5 cm 厚的洁净细砂，从对称方向轻轻叩击柱管，使细砂表面平整。

常见的装柱方法有干装法和湿装法两种。

（1）干装法：在柱内装入 2/3 溶剂，在管口上放一漏斗，打开活塞，让溶剂慢慢地滴入锥形瓶中，接着把干的吸附剂经漏斗以细流状倾泻到管柱内，同时用套在玻璃棒上的橡皮塞轻轻敲击管柱，使吸附剂均匀地向下沉降到底部。填充完毕后，用滴管吸取少量溶剂把附在管壁上的吸附剂颗粒冲入柱内，继续敲击管子直到柱体不再下沉为止。柱面上再加盖一薄层洁净细砂，把柱面上液层高度降至 0.1 ~ 1 cm，再把收集的溶剂反复循环通过柱体几次，便可得到沉降得较紧密的柱体。

（2）湿装法：湿装法与干装法类似，但是装柱前吸附剂需要预先用溶剂调成匀浆状。在倒入匀浆时，应尽可能连续均匀地一次完成。如果柱子较大，应事先将吸附剂泡在一定量的溶剂中，并充分搅拌后过夜，排除其中气泡，然后再进行装柱。

无论是采用干装法还是采用湿装法，装好的色谱柱均应为充填均匀、松紧适宜一致、没有气泡和裂缝的状态，否则会造成洗脱剂流动不规则而形成"沟流"，引起色谱带变形，影响分离效果。

2. 加样　将干燥待分离固体样品称重后，溶解于极性尽可能小的溶剂中使之成为浓溶液。当柱内液面降到与柱面相齐时，关闭柱子。用滴管将样品溶液小心地沿色谱柱管壁均匀地加到柱顶上。加完后，用少量溶剂把容器和滴管冲洗干净，全部加到柱内，再用溶剂把附在管壁上的样品溶液淋洗下去。慢慢打开活塞，调整液面和柱面相平，关好活塞。如果是液体样品，则可直接进行加样。

3. 洗脱　将选好的洗脱剂沿色谱柱的柱管内壁缓慢加入柱内，直到充满为止，任何时候都不能把柱面顶部的覆盖物冲起。打开活塞，让洗脱剂慢慢流经柱体，洗脱开始。在洗脱过程中，注意随时添加洗脱剂，以保持液面的高度恒定，应特别注意不要使柱面暴露于空气中。

进行大柱洗脱时，可在柱顶上架一个装有洗脱剂带盖塞的分液漏斗或倒置的长颈烧瓶，让漏斗颈口浸入柱内液面下，这样便可以自动加液。如果采用梯度溶剂分段洗脱，则应从极性最小的洗脱剂开始，依次增加极性，并记录每种溶剂的体积和柱子内滞留的溶剂体积，直到最后一个成分流出为止。洗脱速度也是影响柱色谱法分离效果的一个重要因素。大柱流动相流速一般调节在每小时流出的毫升数等于柱内吸附剂的克数。中小型柱的流速一般以 1 ~ 5 滴 / 秒为宜。

4. 洗脱液的收集　有色物质，按色带分段收集。因相邻两组分可能会有重叠，两色带之间要另外收集。对无色物质的接收，一般采用分等份连续收集，每份流出液的体积毫升数等于吸附剂的克数。若洗脱剂的极性较强，或者各成分结构很相似时，每份收集量就要少一些，具体数值的确定，要通过薄层色谱法检测，视分离情况而定。

洗脱完毕，采用薄层色谱法对各收集液进行鉴定，把含相同组分的收集液合并，除去溶剂，便得到各组分较纯的样品。

二、薄层色谱法

薄层色谱法与柱色谱法的原理相同，分为吸附色谱和分配色谱。薄层色谱法的固体吸附剂是在玻璃板或硬质塑料板上铺成均匀的薄层（0.25 ~ 1 mm），用毛细管将样品点在板的一端，把板放在合适的流动相（展开剂）里。流动相带着混合物组分以不同的速率沿薄层板移动，即组分被吸附剂不断地吸附，又被流动相不断地溶解——解吸而向前移动。由于吸附剂对不同组分有不同的吸附能力，流动相也有不同的解吸能力，因此流动相向前移动的过程中，不同的组分移动不同的距离而形成了互相分离的斑点。当吸附剂、展开剂的选择，薄层厚度及均匀度等条件确定时，化合物移动的距离与展开剂前沿移动的距离之比值称为比移值（R_f 值）。比移值是化合物特有的常数。

$$R_f = \frac{样品原点中心到斑点中心的距离（r）}{样品原点中心到溶剂前沿的距离（R）}$$

薄层色谱法进行分离及鉴定比纸色谱法更加灵敏、快速、准确。薄层色谱法具有以下特点：①设备简单，操作容易；②分离时间短，只需数分钟到几小时即可得到结果，常用于跟踪有机反应以监测有机反应完成的程度；③分离能力强，斑点集中，特别适用于挥发性小，或在高温下易发生变化而不能用气相色谱分离的物质；④可采用有腐蚀性、在较高温度下显色的显色剂，如浓硫酸；⑤不仅适用于几毫克的微量样品的分离，也适用于几百毫克的较大量样品的精制。薄层色谱法的分离效果与样品、吸附剂、展开剂及薄层的厚度等因素有关。

（一）吸附剂的选择

薄层色谱法中常用的吸附剂（固定相）和柱色谱法相同，常用氧化铝、硅胶等吸附剂，要求吸附剂的颗粒一般为200目左右。吸附剂颗粒太大，展开速度太快，分离效果不好；颗粒太细，展开时间太长，可能会造成拖尾、斑点不集中等现象。

薄层吸附色谱使用的吸附剂对分析样品的吸附能力与样品的极性有关。极性大的化合物吸附能力强，因而 R_f 值小。因此利用硅胶或氧化铝薄层可将不同极性的化合物分离开来。

（二）展开剂的选择

选择薄层吸附色谱展开剂时，极性大的化合物选择极性大的展开剂，极性小的化合物选择极性小的展开剂。一般情况下，首先选单一展开剂，如苯、氯仿、乙醇，若发现样品各组分的比移值较大，可改用或加入适量极性较小的展开剂，如石油醚。反之，若样品各组分的比移值较小，则可加入适量极性较大的展开剂试行展开。在实际工作中，常用 2 种或 3 种溶剂按一定比例混合调节极性，以获得更适宜的混合溶剂作为展开剂，改善分离效果。通常希望 R_f 值在 0.2 ~ 0.8，最理想的 R_f 值在 0.4 ~ 0.5。

选择合适的展开剂至关重要。一般展开剂的选择根据"相似相溶"原则，即极性化合物选择极性展开剂，非极性化合物选择非极性展开剂。当单一展开剂不能使样品分离，可选择混合展开剂。一般溶剂的展开能力均与溶剂的极性成正比，如常见的溶剂有戊烷、四氯化碳、苯、氯仿、二氯化碳、乙醚、乙酸乙酯、丙酮乙醇、甲醇，它们的极性及在硅胶板上展开能力依次增加。混合展开剂的选择可参考柱色谱法中洗脱剂的选择。

（三）薄层板的制备

薄层板的制备需要在洗净干燥的玻璃板上铺上一层均匀、一定厚度的吸附剂。铺层可分为干法制板和湿法制板两种。

干法制板常用氧化铝作吸附剂。将氧化铝倒在玻璃上，取直径均匀的一根玻璃棒，将两端用胶布缠好，在玻璃板上滚压，把吸附剂均匀地铺在玻璃板上。这种方法操作简便，展开快，但是样品展开点易扩散，制成的薄板不易保存。

湿法制板在实验室更加常用。取 2 g 硅胶 GF_{254}，加入 5 ~ 7 ml 0.7% 的羧甲基纤维素钠水溶液，调成糊状。将糊状硅胶均匀地倒在三块载玻片上，先用玻璃棒铺平，然后用手轻轻震动至平。大量铺板或铺较大板时，也可使用涂布器。

薄层板制备的好与坏直接影响色谱分离的效果，在制备过程中应注意：

1. 铺板时尽可能将吸附剂铺均匀，不能有气泡或颗粒等。

2. 吸附剂铺板的厚度要适中，太厚展开时会出现拖尾，太薄样品分不开。一般厚度为 0.5 ~ 1 mm。

3. 湿板铺好后，应放在比较平的地方慢慢自然干燥，不能快速干燥，否则薄层板会出现裂痕。

（四）薄层板的活化

薄层板经过自然干燥后，再放入烘箱中活化，进一步除去水分。不同的吸附剂及配方，需要不同的活化条件。例如：硅胶一般是在烘箱中逐渐升温，在 105 ~ 110 ℃下，加热 30 分钟；氧化铝在 200 ~ 220 ℃下烘干 4 小时可得到活性为 Ⅱ 级的薄层板，在 150 ~ 160 ℃下烘干 4 小时可得到活性为 Ⅲ ~ Ⅳ 级的薄层板。分离某些易吸附的化合物时，可不用活化。

（五）点样

将样品用易挥发溶剂配成 1% ~ 5% 的溶液。在距薄层板的一端 10 mm 处，用铅笔轻画一条横线作为点样时的起点线，在距薄层板的另一端 5 mm 处，再画一条横线作为展开剂向上迁移的终点线，画线时注意不要将薄层板表面破坏。

使用内径小于 1 mm 干燥洁净的毛细管吸取少量样品，轻轻触及薄层板的起点线，进行点样，点样后立即抬起，待溶剂挥发后，再触及第二次。重复点样 3 ~ 5 次即可，如果样品浓度低可重复多点几次。点样时做到"少量多次"，即每次点样的量较少，但点样次数增加，这样可以保证样品点既有足够的浓度，斑点又比较集中。点好样品的薄层板待溶剂挥发后，放入展开缸中进行展开。

（六）展开

展开时，在展开缸中注入配好的展开剂，将薄层板靠近样品点的一端放入展开剂中，展开剂液面的高度低于样品斑点。在展开过程中，样品斑点随着展开剂向上迁移，当展开剂前沿至薄层板上端的终点线时，立刻取出薄层板。将薄层板上分离出的样品点用铅笔圈好，测量距离，计算比移值。

（七）比移值（R_f）的计算

某种化合物在薄层板上上升的高度与展开剂上升的高度的比值称为该化合物的比移值（R_f 值）。

对于一种化合物，当展开条件相同时，R_f 值是一个常数。因此，可用 R_f 值作为定性分析的依据。由于影响 R_f 值的因素较多，如展开剂、吸附剂、薄层板的厚度、温度均能影响 R_f 值，同一化合物的 R_f 值与文献值会相差很大。在实验中常采用的方法是，在同一薄层板上同时把已知物和未知物进行点样，进行展开，通过计算 R_f 值来确定是否为同一化合物。

（八）显色

样品展开后，如样品本来带有颜色，可直接在薄板上看到斑点的位置。但大多数有机化合物是无色的，因此，需要对样品进行显色，常用的显色方法有以下几种。

1. 显色剂法　常用的显色剂有碘和三氯化铁水溶液等。许多有机化合物能与碘生成棕色或黄色的络合物。利用这一性质，在一密闭容器（如展开缸）中放几粒碘，将展开并干燥的薄层板放入其中，稍稍加热，让碘升华，当样品与碘蒸气反应后，薄层板上的样品点处即可显示出黄色或棕色斑点，取出薄层板用铅笔将点圈好即可。除饱和烃和卤代烃外，均可采用此方法显色。三氯化铁溶液可用于带有酚羟基的化合物的显色。

2. 紫外光显色法　用硅胶 GF_{254} 制成的薄层板，由于加入了荧光剂，在 254 nm 波长的紫外灯下，可观察到暗色斑点，此斑点就是样品点。

这些显色方法在柱色谱法和纸色谱法中同样适用。

三、纸色谱法

纸色谱法是一种分配色谱法，此法以滤纸作为载体，纸纤维上吸附的水（一般纤维能吸附 20% ~ 25% 的水分）作为固定相，与水不相混溶的有机溶剂作为流动相。当样品点在滤纸的一端，放在一个密闭的容器中，使流动相从有样品的一端通过毛细管作用流向另一端时，依靠溶质在两相间的分配系数不同而达到分离。通常极性大的组分在固定相中分配得多，随流动相移动的速度会慢一些；极性小的组分在流动相中分配得多一些，随流动相移动速度就快一些。与薄层色谱法一样，纸色谱法也可用 R_f 值，通过与已知物对比的方法，作为鉴定化合物的手段，其 R_f 值计算方法与薄层色谱法相同。

纸色谱法多用于多官能团或极性较大的化合物如糖、氨基酸等的分离，对亲水性强的物质分离效果较好，对亲脂性的物质则较少使用纸色谱法。利用纸色谱法进行分离，花费时间较长，一般需要几小时到几十小时不等。由于它设备简单，试剂用量少，便于保存等优点，在实验室条件受限时也常用此法。

纸色谱法的操作方法与薄层色谱法类似，分为滤纸和展开剂的选择、点样、展开、显色和结果处理五个步骤。其中前两步是做好纸色谱法的关键。

（一）滤纸的选择与处理

1. 滤纸要质地均匀、平整、无折痕、边缘整齐，以保证展开剂展开速度均一，同时滤纸应具备一定的机械强度。

2. 纸纤维应有适宜的松紧度。太疏松易使斑点扩散；太紧密则流速太慢，导致展开时间过长。

3. 纸质要纯，含杂质少，无明显荧光斑点，避免出现与色谱斑点发生混淆的情况。

（二）展开剂的选择

按展开方式分类，纸色谱法分为上行法、下行法、水平展开法。选择展开剂时，要从欲分离物质在两相中的溶解度和展开剂的极性来考虑。对极性化合物来说，增加展开剂中极性溶剂的比例量，可以增大比移值；增加展开剂中非极性溶剂的比例量，可以减小比移值。

分配色谱选用的展开剂与吸附色谱有很大不同，多采用含水的有机溶剂。纸色谱法最常用的展开剂是用水饱和的正丁醇、正戊醇、酚等，有时也加入一定比例的甲醇、乙醇等。加入这些溶剂，可增加水在正丁醇中的溶解度，增大展开剂的极性，增强对极性化合物的展开能力。

（三）样品的处理及点样

用于色谱分析的样品，一般需初步提纯。如氨基酸的测定，样品中不能含有大量的盐类、蛋白质，否则这些成分会互相干扰，分离不清。因水溶液斑点易扩散，水也不易挥发除去，故应尽量避免以水作为溶剂，而选择适合于样品的适当的溶剂。常见的溶剂有丙酮、乙醇、氯仿等，溶剂的极性应尽量与展开剂极性相近。液体样品一般可直接点样，点样时用内径约 0.5 mm 的毛细管，或微量注射器吸取试样，轻轻接触滤纸，控制点的直径在 2 ~ 3 mm，点样后立即用冷风将其吹干。

（四）展开

纸色谱法也须在密闭的层析缸中展开。层析缸中先加入少量合适的展开剂，放置片刻，使缸内空间为展开剂所饱和，再将点好样的滤纸放入缸内。同样，展开剂的水平面应在点样线以下约 1 cm。另外，也有采用滤纸点样后，将准备作为展开剂的混合溶剂振摇混合分层，取下层水溶液作为固定相，上层有机溶剂作为流动相的方法。流动相若没有预先被水饱和，则展开过程中会把固定相中的水分吸收除掉，使分配过程不能正常进行。为了让滤纸先在水蒸气中吸附足够量的水分作为固定相，也可以采用将滤纸悬挂于被有机溶剂和水溶液饱和的蒸气中，但不与水溶液直接接触的方式饱和。密闭饱和一定时间后，再将滤纸点样的一端放入展开剂中进行展开。

（五）显色与结果处理

当展开剂移动到层析滤纸的 3/4 距离时取出滤纸，用铅笔面出溶剂前沿，然后用冷风吹干。一般先在日光下观察，画出有色物质的斑点位置，然后在紫外灯下观察有无荧光斑点，并记录其颜色、位置及强弱，再利用物质的特殊反应，喷洒适当的显色剂使斑点显色。最后按公式计算出各斑点的 R_f 值。

（袁桃花）

第六节　有机化学实验报告

有机化学实验是一门理论联系实际的综合性较强的课程。它是培养学生独立工作能力的重要环节。实验操作的同时，完成一份正确、完整的实验报告，是一个很好的训练过程。实验报告分三部分：实验预习、实验记录及实验总结。

一、实验预习

实验预习主要目的是了解实验的基本原理和实验目的、为什么这么做、实验的关键步骤和难点、实验中注意哪些安全问题。预习是做好实验的关键，只有做好实验前的预习，实验过程中才能做到又快又好。实验预习的内容包括：

1. 书写本次实验的主要目的。

2. 简单叙述实验、操作原理，如写出主反应、副反应、基本概念、基本理论。

3. 根据实验内容书写主要试剂、产物的物理或化学性质，画出需要安装仪器装置的主要反应装置图。

4. 书写简单的实验操作步骤。

二、实验记录

实验记录是科学研究的第一手资料，是否能正确记录实验数据和现象将直接影响对实验结果的分析。因此，学习如何认真做好实验结果和数据的记录是培养良好科学态度及实事求是精神的一个重要环节。

实验的全过程要进行仔细观察。如反应物颜色的变化、有无沉淀及气体出现、固体的溶解情况、加热温度和加热后的反应现象等，都应认真记录。同时还应记录加入原料的颜色和加入的量、产品的颜色和产品的量、产品的熔点或沸点等数据。记录时，需与操作步骤一一对应，内容简明扼要，条理清楚。记录应直接写在实验报告上，而不是随便记在纸上，课后再抄在报告上。

三、实验总结

实验结束后对实验结果进行分析，联系理论知识，通过实验现象，得到实验结论，对实验进行总结。

四、实验报告的内容、书写格式和样例

（一）实验报告的内容

1. 课程、专业、班组、姓名、学号、日期。

2. 实验名称。

3. 实验目的和要求。

4. 实验方法和步骤

（1）扼要描述主要的实验方法和步骤，避免烦琐罗列实验全过程，可将其设计为简单的流程图。

（2）如果实验方法临时变更，或者由于操作技术方面的原因影响观察的可靠性时，要做出简短说明。

5. 实验结果

（1）实验结果是实验报告中最重要的部分。应将实验过程中观察到的现象真实、正确、详细地记录下来。实验报告上一般只列出经过归纳、整理的结果。

（2）为客观反映实验结果，可把由记录系统描记的曲线、统计的数据等原始资料直接贴在实验报告上，实验结果通常有三种表达方式。①叙述式：用文字将观察到的、与实验目的有关的现象客观地加以描述。描述时需要有时间概念和顺序。②表格式：能较为清楚地反映观察内容，有利于相互对比。③简图式：将实验中记录的曲线图取其不同的时相点剪贴或自己绘制简图，并附以图注、标号及必要的文字说明。

（3）常见的记录实验结果的注意事项如下。

1）记录性质实验结果时，需要对实验现象逐一做出正确合理的解释，可正确使用化学反应式解释实验现象。

2）计算产率的实验，在计算理论产量时，应注意：①有多种原料参加反应时，以摩尔数最小的原料具有的量为准；②不能用催化剂或引发剂的量来计算；③有异构体存在时，以各种异构体理论产量之和进行计算，实际产量也是异构体实际产量之和。计算公式如下：

$$产率 = （实际产量 / 理论产量）\times 100\%$$

3）物理常数的测试实验结果，应分别填上产物的文献值和实测值，进行比较。结果中要注明测试条件，如温度、压力、密度。

6. 分析和讨论

（1）根据已知的理论知识对实验结果进行简明扼要的解释和科学的分析，或对规律性的结果总结上升为理论。对实验提出建设性的建议。通过讨论来总结、提高和巩

固实验中所学到的理论知识和实验技术。

（2）分析推理要有根据，实事求是，符合逻辑。分析和讨论是实验报告的核心部分，可帮助学生提高独立思考和分析归纳问题的能力。如果出现非预期的结果，要考虑和分析其可能的原因。分析和讨论时应根据实验结果提出有创新的见解和认识，不是盲目照抄书本。写出实验的体会，分析实验中出现的问题和解决的办法。

7. 结论

（1）从实验结果及分析和讨论中推导归纳出的一般性的概括性判断，也就是对该实验所验证的基本概念、原则或理论的简明总结。

（2）总结结论时，应当用最精辟的语言进行高度概括，力求简明扼要，恰如其分，一目了然。结论不是用现成的理论对实验结果做一般性的解释，故不要罗列具体结果，也不要将未得到充分证据的理论分析写入结论。最后通过课后思考题的训练，强化和提高运用知识分析、解决问题的能力。

（3）实验报告要求条理清楚，文字简练，图表清晰、准确。完整的实验报告能充分展现学习过程中对实验理解的深度、综合解决问题的能力及文字表达的能力。

（二）实验报告的书写格式和样例

1. 实验预习报告

（1）制备及基本操作实验：此类实验预习报告应包括以下内容。

1）实验原理。

2）操作步骤。

（2）验证性质实验：以糖脎反应为例，预习报告内容如下。

实验内容（名称）	实验步骤	备注
糖脎反应	取 2 支大试管 ↓ 各加入 10 滴葡萄糖和蔗糖 ↓ 再向各管中加入 10 滴新配置的盐酸苯肼乙酸钠溶液，摇匀后置于沸水浴中加热 30 分钟，取出冷却，观察结果	（预习试剂、性质及操作注意事项） 如：①盐酸苯肼属于毒性试剂，明火易燃，操作时按规范使用。②使用水浴锅时，防止水蒸气灼伤

2. 实验记录报告

（1）数据类型：以熔点测定为例，记录内容如下。

样品	初熔温度（℃）	全熔温度（℃）	熔程（℃）
苯甲酸			
草酸			
混合物			

（2）现象变化：以柱色谱法实验为例，记录以下内容。

流出顺序	颜色	化合物名称
首先流出来的化合物		
第二流出来的化合物		

（3）化合物性质实验：以糖脎反应为例，记录内容如下。

实验步骤	实验现象（记录）	反应方程式
糖脎反应包括：①与葡萄糖反应；②与果糖反应	①与葡萄糖反应显微镜下观察到雪花状晶体；②与果糖反应显微镜下观察到松针状晶体	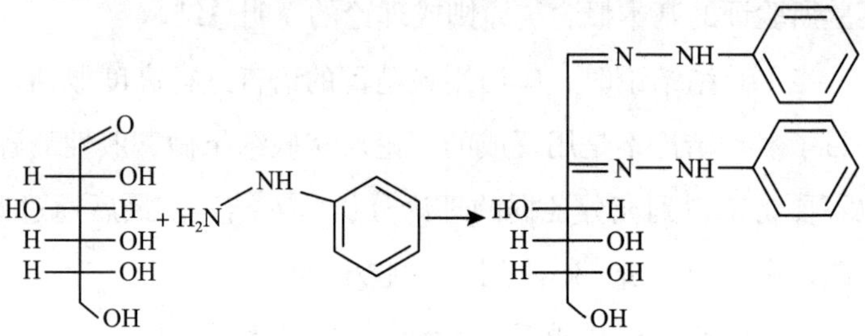

3. 实验总结报告

（1）现象或结果类型

1）分析讨论：分析数据结果，联系理论知识，通过实验现象得到实验结论。

2）总结实验。

（2）化学反应类型（同上）：以糖脎反应为例，实验总结报告书写内容如下。

名称	实验现象	反应方程式
糖脎反应包括：①与葡萄糖反应；②与果糖反应	①与葡萄糖反应显微镜下观察到雪花状晶体；②与果糖反应显微镜下观察到松针状晶体	单糖在加热条件下与过量的苯肼反应时的产物称为糖脎，含有相邻的两个羰基的化合物或 α- 羟基醛及 α- 羟基酮类化合物与过量苯肼缩水后的衍生物是一种晶体，不同糖晶型不一致，可以用于糖的鉴别。反应方程式（如葡萄糖成脎反应）： 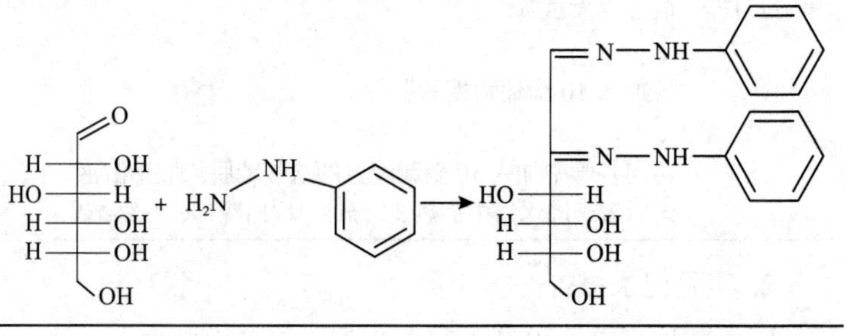

（肖　竦　袁桃花）

第二单元

有机化学实验

实验一 甲烷的制备和化学性质

一、实验目的

1. 掌握甲烷实验室制备方法。

2. 熟悉甲烷的物理、化学性质。

3. 通过甲烷的性质实验加深对烃类化学性质的理解。

二、实验原理

乙酸钠与氢氧化钠混合加热制备甲烷（CH_4），反应如下：

$$CH_3COONa + NaOH \xrightarrow[\triangle]{CaO或Fe_2O_3} Na_2CO_3 + CH_4 \uparrow$$

为了防止氢氧化钠对加热玻璃试管腐蚀的加剧，制备甲烷时可加入氧化钙或三氧化二铁以稀释氢氧化钠。由于反应温度较高，制备甲烷过程中会产生少量乙烯、丙酮等副产物，可采用浓硫酸吸收除去乙烯，以减少对甲烷性质鉴定的干扰。

通常状况下，CH_4 是无色、无味、可燃的气体，密度比空气小，极难溶于水。

CH_4 化学性质稳定，不易与强酸、强碱、卤素单质的水溶液和强氧化剂反应，CH_4 在空气中燃烧产生淡蓝色火焰。甲烷混入氧气或空气遇明火会发生爆炸。

三、仪器和试剂

1. **仪器**　铁架台、酒精灯、天平、大试管、锥形瓶、烧杯、研钵、水槽、坩埚钳、镊子、药匙、集气瓶、玻璃片、玻璃导管。

2. **试剂**　无水 CH_3COONa、$NaOH$、Fe_2O_3 或 CaO、$KMnO_4$、溴水、澄清石灰水。

四、实验内容

1. **CH_4 制备**　按图 2-1 安装实验装置，检查装置气密性。取 7.5 g 无水 CH_3COONa，2.0 g $NaOH$，2.0 g CaO，将试剂研细混合均匀，将混合好的试剂加入硬质大试管中，用带导管的单孔橡皮塞塞住试管口。导管另一端插入充满水的集气瓶内。

点燃酒精灯，预热试管 1 ～ 2 分钟，然后在试管底部集中加热。加热至反应物熔化，继续加热至气泡冒出，用排水法收集气体。当收集气体的集气瓶口冒出气泡时，气体集满，用玻璃片盖住收集气体的集气瓶口。取出集气瓶，瓶口向下略倾斜靠近酒精灯火焰，移开玻璃片，甲烷安静燃烧，或听见"噗"的响声，表明收集的甲烷气体较纯净，可以进行性质实验。气体制备结束，先移出导管后熄灭酒精灯，以防倒吸。

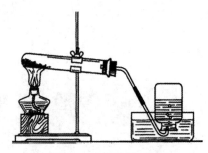

图 2-1　甲烷制备装置

2. 甲烷的性质实验

（1）CH_4 与酸性 $KMnO_4$ 溶液的反应：取一支试管，加入约 3 ml 酸性 $KMnO_4$ 溶液，将 CH_4 制备装置中的直型导管插入试管，观察试管中 $KMnO_4$ 溶液颜色的变化。

（2）CH_4 与溴水的反应：另取一支试管，加入约 3 ml 溴水，将 CH_4 制备装置中的直型导管插入试管，观察试管中溴水颜色的变化。

（3）甲烷在空气中的燃烧：CH_4 气体验纯后，使用尖嘴气体导管，在管口点燃，然后在燃烧的火焰上方用倒置干燥小烧杯罩住，另取一个用澄清石灰水浸润的小烧杯，也罩在甲烷燃烧火焰的上方，观察两只烧杯壁的情况，记录实验现象。

五、注意事项

1. 反应须在无水的条件下进行，反应使用的玻璃仪器必须干燥。加热时试管口向下倾斜，先预热，然后再移动酒精灯至试剂集中部位，保证试剂能够反应充分。

2. 实验加热结束，应先撤导管，后撤酒精灯，以防止水倒吸进试管而导致试管炸裂。

3. Fe_2O_3 不参加反应，加入 CaO 或 Fe_2O_3 均可以除去氢氧化钠中的水分、减少氢氧化钠与玻璃间的作用，防止试管炸裂。Fe_2O_3 传热性好，反应预热时间短，反应快。另外，Fe_2O_3 还可以使反应混合物疏松，有利于气体逸出。

六、思考题

（一）判断题

1. 乙烷、乙烯和乙炔分子中，乙炔的 C—H 键最长。

2. 自由基反应和离子型反应是有机化学反应的两种基本类型。

3. 成键两个原子的电负性差越大，键的极性就越强。

4. 有机化合物和无机化合物差异显著，毫无关联。

5. 只有碳原子能使用 sp、sp^2 和 sp^3 杂化轨道成键。

6. 不饱和化合物中均存在共轭效应。

7. 有些烯烃的顺反异构体，可用顺/反或 Z/E 两套命名法命名。

8. 共轭二烯烃与亲电试剂发生加成反应时，只能发生 1,4- 加成。

9. 超共轭效应是一种很强的电子效应。

（二）选择题

1. 下列分子中，非极性分子是

　　A. CH_3Cl 　　　　B. CCl_4 　　　　C. $CHCl_3$ 　　　　D. CH_3OCH_3

2. 下列化合物中只有 σ 键的是

　　A. CH_3CH_2COOH 　　B. $CH_3CH{=}CH_2$ 　　C. CH_3CH_2OH 　　D. C_6H_5OH

3. 含有 2 种官能团的化合物是

　　A. CH_3CH_2CHO 　　B. $CH_2{=}CHCHO$ 　　C. $CH_3CH_2CH_2OH$ 　　D. $HOOCCH_2COOH$

4. 二氯甲烷的立体构型是

　　A. 正方形 　　　　B. 正四面体 　　　　C. 四面体 　　　　D. "V"形

5. 所有碳原子处于同一平面的分子是

　　A. $CH_3CH{=}CHCH_2CH_3$ 　　　　　　B. $CH_2{=}CHC{\equiv}CH$

　　C. $CH_2{=}CHCH_2CH_3$ 　　　　　　D. $C_6H_5CH_2CH_3$

6. 某烷烃结构如下，关于此烷烃的说法错误的是

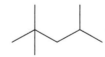

　　A. 它的系统命名是 2,2,4- 三甲基戊烷 　　B. 它有 1 个季碳原子

　　C. 它有 1 个季氢原子 　　　　　　　　D. 它的一氯代物有 4 种

7. 关于 1,2- 二溴乙烷的构象，说法错误的是

　　A. 构象异构是由 "C—C" σ 键的旋转引起的

　　B. 它有无数个构象异构体

　　C. 交叉式构象比重叠式构象更稳定

　　D. 邻位交叉构象的 Newman 投影式为

8. 顺 -1- 叔丁基 -4- 甲基环己烷的优势构象式是

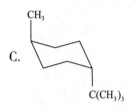

A. H₃C—⬡—C(CH₃)₃

B. (H₃C)₃C—⬡—CH₃

C. CH₃ / C(CH₃)₃

D. H₃C—⬡—C(CH₃)₃

9. 下列常用的有机溶剂中，极性最强的是

 A. 乙醚   B. 四氯化碳   C. 苯   D. 乙醇

10. 下列各组碳正离子中，最稳定的是

 A. $(CH_3)_2\overset{+}{C}CH_3$ B. $CH_3\overset{+}{C}HCH_3$

 C. $\overset{+}{C}H_2{-}CH{=}CH_2$ D. $\overset{+}{C}H_3$

11. 关于氯乙烯 $CH_2{=}CHCl$ 分子，说法错误的是

 A. 分子中存在多电子 p-π 共轭体系

 B. 根据诱导效应，Cl 原子属于吸电子基

 C. 它与盐酸加成的主产物是 CH_3CHCl_2

 D. 存在顺反异构现象

12. 下列化合物发生亲电加成反应时，活性由高到低的顺序是

 ① $H_2C{=}CH_2$ ② $H_3C{-}\underset{H}{C}{=}CH_2$ ③ $H_3C{-}\overset{CH_3}{C}{=}CH_2$ ④ $HC{\equiv}CH$

 A. ③②④①   B. ③②①④   C. ②③④①   D. ④③②①

13. 关于分子 $CH_2{=}C{=}CH_2$，说法正确的是

 A. 分子中存在 π-π 共轭

 B. 分子中三个碳原子的杂化方式都是 sp^2

 C. 分子属于共轭二烯烃

 D. C_1 和 C_2 之间的 π 键与 C_2 和 C_3 之间的 π 键相互垂直

14. 维生素 A 的结构如下，它是鱼肝油的主要成分之一，常用于防治夜盲症等。
 下列说法错误的是

A. 分子式是 $C_{20}H_{30}O$

B. 参与共轭的 π 键只有侧链上的 4 个 π 键

C. 侧链上的碳碳双键均为 E 构型

D. 它是一种脂溶性的维生素

15. 遇到硝酸银的氨水溶液，能产生白色沉淀的是

  A. 丙烷   B. 丙烯   C. 丙炔   D. 丙酮

16. 下列烯烃与酸性高锰酸钾溶液反应，生成乙酸和丙酮的是

  A. $CH_3CH{=}CH_2$ B. $(CH_3)_2C{=}C(CH_3)_2$

  C. $CH_3CH{=}CHCH_3$ D. $(CH_3)_2C{=}CHCH_3$

17. 下列反应的产物中，最不可能存在的是

$$H_2C{=}CH_2 + Br_2/H_2O \xrightarrow{\ Cl^-\ }$$

  A. CH_2BrCH_2Br B. CH_2BrCH_2OH

  C. CH_2BrCH_2Cl D. CH_2ClCH_2Cl

18. 角鲨烯占鱼肝油的 90% 以上，在人皮肤分泌的皮脂中占 1/4 以上。标号 6、10、14、18 处 C＝C 的 Z/E 构型是

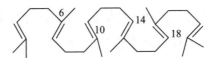

  A. $ZZEE$ B. $EEEE$ C. $ZZZZ$ D. $EEZZ$

19. 下列有机化学中常用字的读音中，正确的是

  A. 腈（qíng）   B. 巯（liú）基   C. 脎（sà）   D. 肟（kuī）

20. 根据有机化学的诱导效应，下列基团属于供电子基的是

  A. —$C(CH_3)_3$ B. —$CH{=}CH_2$ C. —OH   D. —Cl

21. 1,2-二氯乙烷的优势构象为

  A. 对位交叉式   B. 全重叠式   C. 部分重叠式   D. 邻位交叉式

22. 在光照条件下，烷烃与氯气反应过程中产生的中间体为

  A. 碳负离子   B. 碳正离子   C. 碳自由基   D. 卤代烃

23. $CH_3CH{=}CHCH_3$ 与 $CH_3CH_2CH{=}CH_2$ 属于

  A. 顺反异构   B. 位置异构   C. 官能团异构   D. 碳链异构

24. 下列化合物中不具顺反异构体的是

  A. $CH_3CH{=}CHCH_3$ B. $(CH_3)_2C{=}CHCH_3$

  C. $CH_2{=}CHCH{=}CHCH_3$ D. $CH_3CH{=}CHCHO$

25. 下列化合物中能使溴水褪色，但不能使 $KMnO_4$ 溶液褪色的是

    A. 丙烯　　　　　B. 丙炔　　　　　C. 环丙烷　　　　　D. 丙烷

（三）简答题

1. 请指出下列分子、离子或自由基中碳原子的杂化方式。

$$\cdot CH_3 \quad -CH_3 \quad \overset{+}{CH_3} \quad CH_2=CH_2 \quad CH\equiv CH \quad CH_4$$

2. 分子间范德瓦耳斯力包括哪些？极性分子与极性分子之间、极性分子与非极性分子之间、非极性分子与非极性分子之间存在哪些范德瓦耳斯力？

3. 化学反应的实质是旧化学键的断裂和新化学键的生成，有机化学反应中的共价键的断裂方式有哪两种？有机化学反应可以分为哪两种类型？

4. 烷烃在加热或光照条件下发生卤代反应，反应机理为自由基（游离基）链反应，它的三个阶段分别是什么？

5. 试比较小环烷烃与普通环烷烃化学性质上的异同。

6. 为什么烷烃中的碳原子可以分为伯碳原子、仲碳原子、叔碳原子和季碳原子，氢原子却只有伯氢原子、仲氢原子和叔氢原子？这些氢原子的反应活性如何？

7. 比较不饱和烃中 σ 键和 π 键的键能大小；比较烯烃与炔烃的亲电加成活性。

8. 试解释末端炔烃 $R-C\equiv CH$ 上的氢原子的酸性。

9. 试写出丙炔与1分子盐酸加成的主产物；再写出丙炔与2分子盐酸加成的主产物。

10. 试解释为什么丙炔与水（硫酸汞作催化剂）的加成产物不是烯醇而是酮。

11. 制备甲烷实验中为什么要保持试剂干燥？

12. 制备甲烷实验中加入 CaO 或 Fe_2O_3 的主要作用是什么？

（肖　竦　李　燕）

实验二 熔点的测定

一、实验目的

1. 了解熔点测定的意义和应用。
2. 掌握 b 形管法测定熔点的操作方法。

二、实验原理

熔点是在一定的外界压力下（一般是指 100 kPa），物质的固、液两相蒸气压相等而共存的温度。纯净固体有机化合物一般都有固定熔点，纯净有机化合物从开始熔化（初熔）至完全熔化（全熔）温度的变化范围称为熔程，纯净有机化合物的熔程一般不超过 0.5 ~ 1 ℃。含有杂质时，熔点会出现显著变化，其初熔温度会下降，熔程会延长。因此，可通过测定熔点来鉴定有机化合物，并可根据熔程长短判断有机化合物的纯度。

有机化合物在温度达不到熔点时以固相存在，加热使温度上升，达到熔点时开始有少量液体出现，而后达到固液两相平衡。继续加热，温度不再变化，此时加热所提供的热量使固相不断转变为液相，两相间仍保持平衡，至最后的固体熔化后，继续加热则温度线性上升。因此在接近熔点时，加热速度一定要慢，每分钟温度升高不能超过 2 ℃，这样才能使整个熔化过程尽可能接近于两相平衡条件，测得的熔点也更加精确。

在鉴定某未知物时，如测得其熔点与某已知物的熔点相同或相近，此时不能完全肯定它们为同一物质，可以把它们混合，再测定该混合物的熔点，若熔点仍不变，才能认为它们为同一物质。若混合物熔点降低，熔程增大，则说明它们属于不同的物质。故混合物熔点试验是检验两种熔点相同或相近的有机化合物是否为同一物质的最简便的方法。多数有机化合物的熔点都在 400 ℃ 以下，较易测定。但也有一些有机化合物在其熔化以前就发生分解，只能测得分解点。

三、仪器和试剂

1. **仪器**　铁架台、b 形管（又称 Thiele 管、熔点测定管）、毛细管、表面皿、长 40 cm 的玻璃管、酒精灯、温度计。

2. 试剂　液体石蜡、草酸、苯甲酸、草酸和苯甲酸混合物。

四、实验内容

1. 熔点管的制备　取内径约 1 mm、长 75 mm 的毛细管，将其一端在酒精灯火焰的外焰上灼烧封口，即制得熔点管。

2. 样品的填装　用干燥洁净的表面皿取少量干燥样品，集中堆成小堆，将熔点管的开口端插入样品堆中，使样品挤入管内。然后把管开口一端向上，轻击管壁，使样品掉入管底。以同样方式重复取样几次。再取一支长 40 cm 的玻璃管垂直放于桌面上，将熔点管从玻璃管上端自由落下，反复冲撞夯实，使样品装填紧密，高度为 5 ~ 6 mm。填装时操作要迅速，防止样品吸潮。

3. 仪器装置　利用毛细管测定熔点最常用的仪器是 b 形管。取一支 b 形管固定在铁架台上，装入导热液（液体石蜡）至略高于侧管上管口上缘。管口装配插有温度计的开槽橡皮塞（也可将温度计悬挂），用橡皮圈将熔点管缚在温度计上（橡皮圈不能浸入导热液中），保持样品的中点与温度计水银球中点处于同一水平（图 2-2）。调整温度计位置，使其水银球恰好在 b 形管上下侧管的中部（图 2-3）。

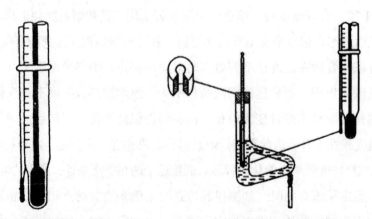

图 2-2　熔点管缚在温度计上的位置　　图 2-3　b 形管法熔点测定装置

4. 熔点测定　测定时，加热 b 形管侧管，若是测定已知样品的熔点，可先以较快速度加热，在距离熔点 15 ~ 20 ℃时，需控制加热速度，使温度每分钟上升 1 ~ 2 ℃，至测出熔程；若测定未知样品，要先粗测熔点范围，再用上述方法细测。

当熔点管中的样品开始塌落，并有小液滴出现时，表明样品已开始熔化（图 2-4），记下此时的温度，即初熔温度。继续观察，待固体样品恰好完全熔化成透明液体即全熔时再迅速记下温度，即全熔温度。这个温度范围为样品化合物的熔程。在测定过程中，还要观察和记录样品是否有萎缩、变色、发泡、升华及碳化等现象。

熔点测定至少要有 2 次重复数据，每一次测定都必须用新的熔点管新装样品，不能使用已测过的熔点管。进行第二次测定时，必须待导热液温度冷却至熔点以下 15 ℃左右才能再次进行测定。

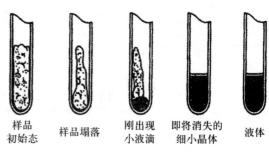

| 样品初始态 | 样品塌落 | 刚出现小液滴 | 即将消失的细小晶体 | 液体 |

图 2-4　样品加热熔化的过程

实验结束后，保持 b 形管仍固定在铁架台上，导热液不必倒回试剂瓶，最后一次实验用的毛细管也留在 b 形管内，冷却至室温再取出，以防止烫伤手。

五、注意事项

1. 样品一定要研磨到极细，才能使装样紧实，加热时才能受热均匀。如有空隙，不易传热，影响测定结果。

2. 样品的中点与温度计水银球中点处于同一水平，这样导热液对流循环好，样品受热均匀，温度测定准确。

3. 接近熔点时，应控制加热温度，升温越慢，越能有充分的时间让热量从熔点管外传至管内，减少观察上的误差。

4. 样品量太少不便观察，并且测得的熔点比实际熔点偏低；样品量太多熔程变大，并且测得的熔点比实际熔点偏高。

5. 熔点的记录：注意记录熔点管中刚有小液滴出现时的温度（即初熔温度 t_1）和样品恰好完全熔化时的温度（即全熔温度 t_2），并且计算熔程（t_2-t_1），每个样品测定 2 次，取平均值。

六、思考题

简答题

1. 是否可以使用第一次测定熔点时已经熔化了的样品，待其固化后做第二次测定？

2. 测得 A、B 两种样品的熔点相同，将它们研细，并以等量混合。

（1）测得混合物的熔点有下降现象且熔程增宽；

（2）测得混合物的熔点与纯 A、纯 B 的熔点均相同。

试分析以上情况各说明什么？

（席晓岚）

实验三　旋光度的测定

一、实验目的

1. 掌握旋光性物质的结构特点及变旋光现象。
2. 熟悉用旋光仪测定旋光性物质的旋光度的方法。

二、实验原理

物质能使偏振光的振动面发生旋转的性质，称为旋光性或光学活性，这些物质被称为旋光性物质或光学活性物质，旋光性物质使偏振光的振动平面旋转的角度称为旋光度。物质的旋光性与其分子结构有关，具有旋光性的物质的分子都是手性分子，不同的手性分子使偏振光的振动面旋转的方向和角度是不一样的，旋光度是有机化合物特征物理常数之一。

测定手性化合物旋光度的仪器称为旋光仪。旋光仪有目测式和数字显示式两种类型。目测式旋光仪工作原理如图 2-5 所示。

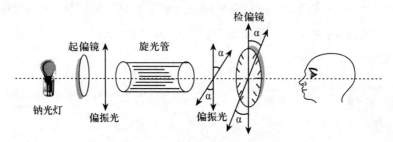

图 2-5　目测式旋光仪工作原理

旋光仪由光源、起偏镜、旋光管（样品管）、检偏镜几部分组成。光源经过起偏镜形成偏振光，当偏振光经过盛放旋光性物质的旋光管时，偏振光发生一定角度的偏转，不能通过检偏镜，将检偏镜扭转一定角度后偏振光通过，此时检偏镜转动的角度即为待测物质的旋光度，由检偏镜上的标尺盘指示。使偏振光向右旋转者（顺时针方向）称为右旋，以"+"表示；使偏振光向左旋转者（逆时针方向）称为左旋，以"−"表示。

测量过程中，人眼对仪器中的最亮点和最暗点不够敏感，所以起偏镜后设置了半阴片帮助对比。半阴片是石英和玻璃构成的圆形透明片。当偏振光通过石英，石英的旋光性会使偏振光旋转，通过半阴片的偏振光就生成振动方向不同的两部分，这两部分偏振光到达检偏镜时，调节检偏镜的晶轴，视场可能出现图 2-6 所示的三种变化。

图 2-6 视场变化（a）表示视场左、右的偏振光可以通过，而中间的不能通过。图 2-6 视场变化（b）表示视场左、右的偏振光不能通过，而中间的可以通过。当调节检偏镜时，可以在三分视场中看到左、中、右明暗度相同，分界线消失，如图 2-6 视场变化（c）所示。利用半阴片参照对比，把中间与左、右明暗度相同作为调节的标准。由于暗视场下，光强随角度变化的灵敏度比亮视场灵敏度要高，所以将三分视场均匀暗的位置作为仪器的读数位置。

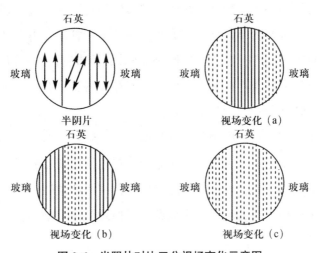

图 2-6　半阴片对比三分视场变化示意图

物质的旋光度与测定时所用溶液的质量浓度、样品管长度、温度、所用光源的波长及溶剂的性质等因素均有关。常用比旋光度（$[\alpha]$）表示物质的旋光性。当光源、温度和溶剂固定时，比旋光度等于溶液质量浓度为 $1\ \mathrm{g \cdot ml^{-1}}$、样品管长度为 $1\ \mathrm{dm}$ 时的物质的旋光度。

溶液的比旋光度与旋光度的关系为：

$$[\alpha]_{\mathrm{D}}^{t} = \frac{\alpha}{\rho \times L}$$

式中：$[\alpha]_{\mathrm{D}}^{t}$ 为比旋光度；t 为测定时的温度（℃）；D 表示钠光（波长 $\lambda=589.3\ \mathrm{nm}$）；$\alpha$ 为观测的旋光度（°）；ρ 为溶液的质量浓度（$\mathrm{g \cdot ml^{-1}}$）；L 为样品管的长度（dm）。

如果被测定的旋光性物质为纯液体，可直接装入样品管中进行测定，这时比旋光度可由下式求出：

$$[\alpha]_{\mathrm{D}}^{t} = \frac{\alpha}{d \times L}$$

式中：d 为纯液体的密度（$\mathrm{g \cdot ml^{-1}}$）。

三、仪器和试剂

1. 仪器　WXG-4 型圆盘旋光仪。

2. 试剂　蒸馏水、酒石酸溶液（10%）、葡萄糖溶液（10%）、蔗糖溶液（10%）、未知浓度的酒石酸溶液、未知浓度的葡萄糖溶液。

四、实验内容

1. 样品管的清洗及填充　将样品管一端的螺帽旋下，取下玻璃盖片，用蒸馏水清洗样品管。再用待测样品溶液润洗样品管 2 次。样品管竖直，管口朝上，用滴管注入待测样品溶液或蒸馏水至管口，直至溶液的液面凸出于管口，小心将玻璃盖片沿管口方向盖上，多余的溶液被挤压溢出，盖上玻璃盖片，检查管内不残留气泡再旋紧螺帽。装样后要注意检查管内是否存在气泡，如有气泡存在需要重新注入待测样品。装样完成，拭净样品管外部的残液，避免沾污仪器样品室。

2. 仪器零点的校正　接通电源并打开光源开关，5 ~ 10 分钟后，待钠光灯正常发出黄光，仪器才能开始测定。正式测定样品前，首先校正仪器的零点。将充满蒸馏水或配制待测样品溶剂的样品管放入样品室，旋转粗调钮和微调钮至目镜视野中三分视场的明暗程度完全为均匀暗的位置，再按游标尺原理记录读数。重复测定 3 次，其平均值为仪器的零点值。

校正零点过程中，三分视场的明暗程度完全为均匀暗的位置，即为仪器的半暗位置。通过零点校正，学会正确识别和判断仪器的半暗位置，测量时以此为准。

3. 样品旋光度的测定　调节检偏器，使视场最暗。将装好待测样品的样品管置于样品室内，由于样品具有旋光性，三分视场的亮度出现差异，视场由暗变亮。旋转检偏器，使视场重新变暗，转过的角度为旋转角，记录刻度盘读数。读数与零点之间的差值即为该物质真正的旋光度。例如，仪器的零点值为 $-0.05°$，样品旋光度的观测值为 $+12.05°$，则样品真正的旋光度为 $α=+12.05°-(-0.05°)=+12.10°$。重复测定 3 ~ 5 次，记录数据，取其平均值作为测定结果。

4. 计算比旋光度　将测得样品的旋光度换算成比旋光度，求出未知浓度的酒石酸溶液和葡萄糖溶液的浓度。

五、注意事项

1. 待测试样须为溶液，测试液不能含混悬的小粒或出现浑浊，应为澄清溶液。

2. 物质的比旋光度与测定光源、测定波长、溶剂、浓度和温度等因素有关，表示物质的比旋光度时应注明测定条件。

3. 样品管螺帽与玻璃盖片之间附有橡皮垫圈，装卸时注意勿丢失。螺帽不宜旋得太紧，以免玻璃盖片产生张力，管内出现空隙，影响测定结果。

4. 每次测定前都需要以溶剂进行零点校正。

六、思考题

（一）判断题

1. 所有立体异构体都具有实物与镜像的关系，且不能重合。

2. 构型异构与构象异构一样，可通过键的旋转变为其对映体。

3. 构象异构与构型异构都属于立体异构，都具有旋光性。

4. 结构中有对称面或对称中心的物质没有手性。

5. 含有手性碳原子的化合物均有手性。

6. S 构型的化合物为左旋体。

7. 凡是能与其镜像重合的分子，就不是手性分子，就没有旋光性。

8. 无论是微观世界，还是宏观世界，都存在手性现象。

（二）选择题

1. 下列说法正确的是

    A. 内消旋体分子内无手性原子

    B. 有手性原子的分子一定为手性分子

    C. 手性分子实物与镜像一定互为对映体

    D. 手性分子一定有手性原子

2. 下列化合物既有顺反异构又有旋光异构的是

A. [结构式]

B. $CH_3CH = CHCHCH_3$ （OH）

C. $H_2C = CHCH_2OH$

D. [结构式]

3. 下列化合物中，绝对构型为 S 构型的是

A. [结构式]

B. [结构式]

C.
　　　　　　　　　　D. $H_2C=\overset{H}{\underset{H}{C}}-\overset{C_2H_5}{\underset{Br}{C}}$

4. 下列化合物为内消旋体的是

A. OH ... COOH

B. OH ... COOH

C. $\begin{array}{c} CH_2OH \\ H\!-\!\!|\!-\!OH \\ H\!-\!\!|\!-\!OH \\ CH_2OH \end{array}$

D. $\begin{array}{c} CH_2OH \\ HO\!-\!\!|\!-\!H \\ H\!-\!\!|\!-\!OH \\ CH_2OH \end{array}$

5. 青蒿酸是从青蒿素中提取的酸性物质，结构如下图所示，该分子中手性中心的数量和理论上立体异构体的数量分别是

A. 3，6 　　　　B. 3，9 　　　　C. 4，8 　　　　D. 4，16

6. 下列关于对映体的描述不正确的是

A. 一对对映体互为实物和镜像的关系

B. 具有 2 个手性碳原子的化合物，一定存在两对对映体

C. 具有 R 构型的手性化合物的旋光方向不一定是右旋

D. 内消旋体和外消旋体都无旋光性

7. Fischer 投影式为 $\begin{array}{c} COOH \\ H\!-\!\!|\!-\!OH \\ CH_2CH_3 \end{array}$ 的化合物，其绝对构型为

A. D 型 　　　　B. L 型 　　　　C. R 型 　　　　D. S 型

8. 判断化合物是否具有旋光性的条件是

A. 分子中有手性碳原子　　　　B. 分子具有极性

C. 分子具有不对称性　　　　　D. 分子的偶极矩不等于零

9. 物质无旋光性，则

A. 一定无手性碳原子　　　　　B. 有对映体

C. 无对称面有对称中心　　　　D. 有对称面或对称中心

10. 下列化合物不存在对映异构的是

    A. 2- 氯丁烷　　　B. 戊 -3- 醇　　　C. 2- 羟基丙酸　　　D. 丁 -2- 醇

11. 酒石酸有两个相同的手性碳原子，其中无旋光性的异构体称为

    A. 内消旋体　　　B. 外消旋体　　　C. 右旋体　　　D. 左旋体

12. 化合物（＋）- 丙氨酸和（－）- 丙氨酸在下述性质中有区别的是

    A. 熔点　　　B. 密度　　　C. 沸点　　　D. 旋光方向

13.（R）-2- 溴丁烷与（S）-2- 溴丁烷两者等量混合所得的物质是

    A. 对映体　　　B. 外消旋体　　　C. 内消旋体　　　D. 非对映体

14. 下列叙述正确的是

    A. 顺式均为 Z 构型

    B. R 构型的化合物都是右旋的

    C. 含有手性碳原子的化合物都有旋光性

    D. 内消旋体为非手性分子

15.（R）- 乳酸和（S）- 乳酸互为

    A. 对映异构体　　　B. 构象异构体　　　C. 顺反异构体　　　D. 互变异构体

16. 与 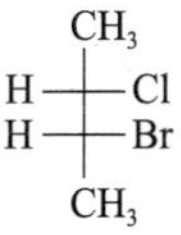 互为对映体的是

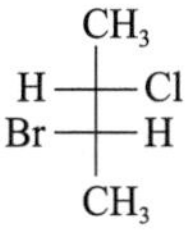

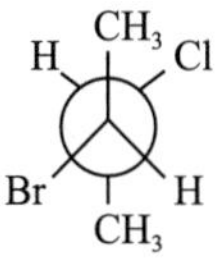

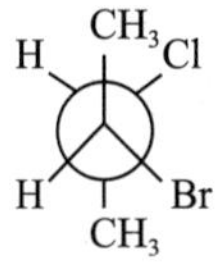

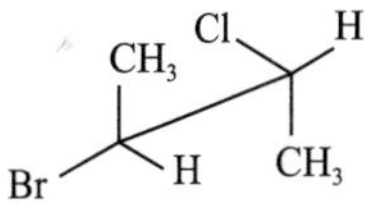

（三）简答题

1. 指出下列各组中化合物的关系（同一化合物、对映体或者非对映体）。

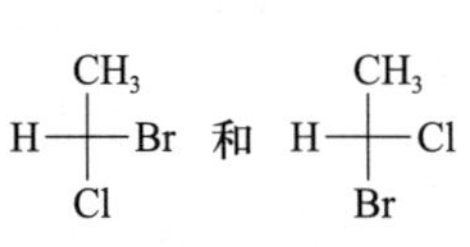

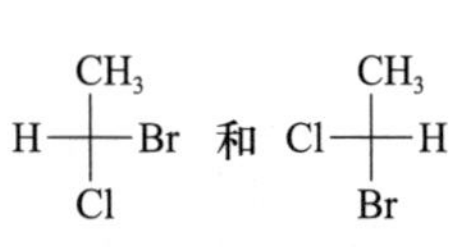

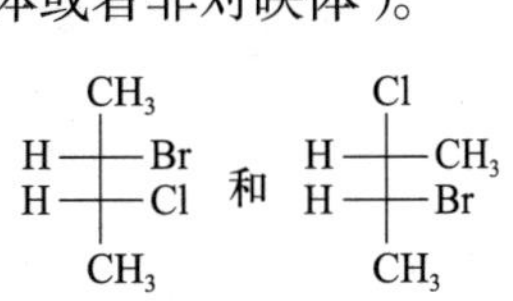

2. 判断下列化合物的 R/S 构型，并标明是否具有旋光性。

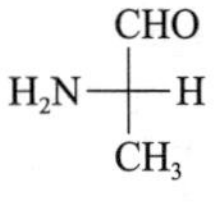

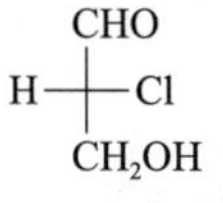

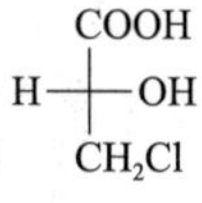

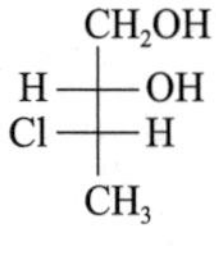

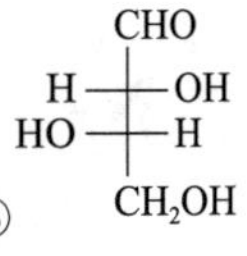

3. 分子式为 $C_5H_{10}O_2$ 的某羧酸，具有旋光性，试推测该化合物的结构，并用费歇尔投影式表示其旋光性，判断 R/S 构型。

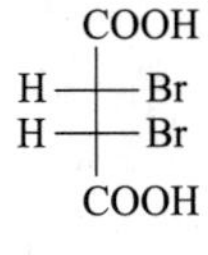

4. 测定旋光度时样品管内能不能有气泡存在？气泡的存在是否会影响实验数据？应如何操作？

5. 使用旋光仪读数时，选择三分视场均匀暗作为参考视场，为何不选择三分视场均匀亮作为参考视场？

6. 旋光仪中半阴片两侧的玻璃的作用是什么？

（肖　竦　沈凌屹）

实验四　沸点的测定

一、实验目的

1. 掌握蒸馏及沸点测定的基本原理。

2. 熟悉蒸馏工业酒精、测定乙醇沸点的基本操作。

3. 熟悉微量法测定苯沸点的基本操作。

二、实验原理

沸点指液态物质的蒸气压与其所处体系的压力相等时的温度。物质处于沸点时的特征为液态物质沸腾，液态与气态达到气液平衡。纯的液态物质在一定压力下具有确定的沸点，不同的物质具有不同的沸点。

蒸馏操作就是将液态物质加热至沸腾产生蒸气，再将蒸气冷凝为液体的过程。利用不同物质的沸点差异可以对液态混合物进行分离和纯化。当液态混合物受热时，由于低沸点物质易挥发，首先被蒸出，而高沸点物质因不易挥发或挥发出的少量气体易被冷凝而滞留在蒸馏瓶中，从而使混合物得以分离。不过，只有当组分沸点相差30 ℃以上时，蒸馏才有较好的分离效果。如果组分沸点差异不大，就需要采用分馏操作对液态混合物进行分离和纯化。蒸馏法可以测定化合物的沸点，回收溶剂或浓缩溶液。

三、仪器和试剂

1. 仪器　水浴锅、蒸馏烧瓶、蒸馏头、温度计、橡胶塞、直形冷凝管、接引管、锥形瓶、铁架台、冷凝管夹、十字夹、橡胶管、漏斗、量筒、b形管、玻璃管、毛细管。

2. 试剂　硅油、工业酒精、苯。

四、实验内容

1. 蒸馏工业酒精、测定乙醇的沸点

（1）按照图2-7蒸馏装置安装仪器，以从下至上、从左至右的顺序安装。温度计的水银球上端的位置恰好与蒸馏烧瓶支管的下缘处于同一水平线上（图2-8）。连接冷凝水的进水管和出水管。下管连接进水管，上管连接出水管。

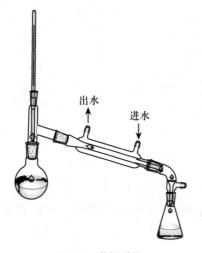

图2-7　蒸馏装置

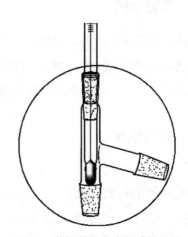

图2-8　蒸馏装置中水银球的位置

（2）蒸馏操作：取下温度计，加入少许沸石，通过长颈漏斗或者沿着蒸馏烧瓶支管对面的瓶颈壁小心加入工业酒精90 ml。安装温度计，调节好温度计水银球的高度。打开冷凝水，设置水浴锅温度98 ℃左右，开始加热。接收馏出液。

（3）沸程记录。

（4）结束蒸馏：当温度计读数突然下降，冷凝管中液滴流出缓慢时，说明蒸馏结束。切断电源，停止加热。移开接收尾液的锥形瓶，回收酒精。关闭冷凝水。待仪器冷却后，拆卸仪器。清洗玻璃仪器，放回原位。

2. 微量法测定沸点　取一根内径2～4 mm、长8～9 cm的玻璃管，使用酒精灯封闭管口一端，以此管作为沸点管的外管，加入待测样品4～5滴。另取一只长7～8 cm、内径约1 mm的毛细管，将上端封闭。将封闭好的毛细管插在样品玻璃管中，开口处浸入样品中。按图2-9安装仪器。

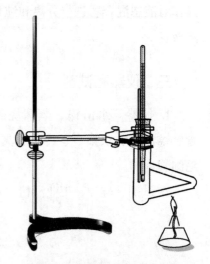

图2-9　微量法沸点测定装置

使用酒精灯对 b 形管侧管中部加热。由于气体膨胀，内管中有断断续续的小气泡冒出。到达样品沸点时，将出现一连串小气泡，此时停止加热，使液浴温度下降，气泡逸出的速度即渐渐减慢，仔细观察，最后一个气泡出现而刚欲缩回到管内的瞬间温度（即毛细管内液体蒸气压与大气压平衡时的温度）是该液体的沸点。记录此时温度计指示的温度。

五、注意事项

1. 安装冷凝管后先打开冷凝水，注意冷凝水的进水管和出水管，下管连接进水管，上管连接出水管。

2. b 形管中安装温度计，注意水银球应该位于侧管上下管中间的位置。

六、思考题

简答题

1. 蒸馏的原理是什么？写出蒸馏装置中仪器的名称。

2. 纯净化合物的沸点是固定的，所以具有恒定沸点的液体就一定是纯净物，此描述是否正确？为什么？

3. 为什么蒸馏时最好控制馏出液的速度为 1～2 滴/秒为宜？

（肖　竦）

实验五　醇、酚的性质

一、实验目的

1. 掌握醇、酚的化学性质，区别两者的异同。
2. 熟悉醇、酚的鉴别方法。

二、实验原理

醇的化学性质主要由羟基官能团决定。醇和水类似，能与活泼金属反应，生成醇盐，并放出 H_2，但醇的酸性比水弱。醇可与氢卤酸发生亲核取代反应，生成卤代烷。醇与酸共热，可发生脱水反应。醇遇到氧化试剂，能从分子中同时脱除羟基上的氢原子和 α-碳原子上的氢原子，叔醇由于没有 α-H，在一般情况下不被氧化（但在较强的酸性条件下易脱水成烯，进而被氧化）。邻二醇除具有一元醇一般的性质外，还具有一些特殊的化学性质，如邻二醇能与 $Cu(OH)_2$ 作用，生成一种绛蓝色的配合物。

酚的结构中既有羟基官能团又有芳环，因此能发生与醇类似的反应，可以像苯一样发生芳环上的反应。酚的酸性明显高于醇。酚羟基难以被取代。酚的芳环较苯环更易发生亲电取代反应。另外，酚是一种特殊的烯醇类化合物，能与 $FeCl_3$ 溶液反应生成有色配合物。

三、仪器和试剂

1. 仪器　试管架、试管、洗瓶、烧杯、酒精灯、镊子、玻璃仪器气流烘干器。

2. 试剂　金属钠、甘油、无水乙醇、乙醇、正丁醇、仲丁醇、叔丁醇、蒸馏水、H_2SO_4 溶液（ $3\ mol \cdot L^{-1}$ ）、卢卡斯（Lucas）试剂、酚酞指示剂、$KMnO_4$ 溶液（ $0.5\ g \cdot L^{-1}$ ）、$CuSO_4$ 溶液（ $20\ g \cdot L^{-1}$ ）、$NaOH$ 溶液（ $50\ g \cdot L^{-1}$ ）、苯酚溶液（ $10\ g \cdot L^{-1}$ ）、饱和溴水、$FeCl_3$ 溶液（ $10\ g \cdot L^{-1}$ ）。

四、实验内容

1. 醇的性质

（1）醇钠的生成与水解：在一支干燥洁净试管中加入 1 ml 无水乙醇，再用镊子加入一小粒洁净金属钠，观察现象。待钠完全消失后，向试管中加入 2 ml 蒸馏水和 2 滴酚酞，观察现象。

（2）醇的氧化：取 3 支试管，分别加入 2 滴 $KMnO_4$ 溶液（$0.5\ g \cdot L^{-1}$）和 3 滴 H_2SO_4 溶液（$3\ mol \cdot L^{-1}$）。然后于第一管中加入 3 滴正丁醇，第二管中加入 3 滴仲丁醇，第三管中加入 3 滴叔丁醇，振摇，观察 $KMnO_4$ 溶液是否褪色及褪色速度。

（3）醇与卢卡斯试剂的反应：取 3 支干燥洁净的试管，分别加入 10 滴卢卡斯试剂，然后于第一管中加入 5 滴正丁醇，第二管中加入 5 滴仲丁醇，第三管中加入 5 滴叔丁醇，振摇，观察试管中是否出现浑浊或分层，比较出现浑浊或分层的速度。

（4）甘油与氢氧化铜的反应：取 2 支试管，分别加入 10 滴 $CuSO_4$ 溶液（$20\ g \cdot L^{-1}$）和 10 滴 NaOH 溶液（$50\ g \cdot L^{-1}$），振荡，观察现象。然后在第一管中加入 5 滴乙醇，第二管中加入 5 滴甘油，振摇，对比观察现象。

2. 酚的性质

（1）酚的溴化：向试管中加入 5 滴苯酚溶液（$10\ g \cdot L^{-1}$），然后逐滴加入饱和溴水，观察溴水是否褪色及溶液中是否有白色沉淀析出。

（2）酚与 $FeCl_3$ 的显色反应：取 2 支试管，分别加入 5 滴苯酚溶液（$10\ g \cdot L^{-1}$）和 5 滴乙醇，然后在每支试管中滴加 2 滴 $FeCl_3$ 溶液（$10\ g \cdot L^{-1}$），对比观察反应现象。

五、注意事项

1. 金属钠应储存在干燥、通风良好的地方，远离火源和易燃物。在使用金属钠之前，应先戴好手套，避免与金属钠直接接触。在操作金属钠时应轻拿轻放，避免碰撞和折弯，以防止金属钠发生剧烈反应。

2. 取用金属钠时，先用镊子将浸泡在煤油中的钠块取出，再用滤纸吸干钠块表面的煤油，放置在干燥洁净的玻璃片或表面皿上，用小刀切去表面的氧化层，再切下一小粒备用，余下的钠全部放回试剂瓶中。

3. 配制卢卡斯试剂时，将 34 g 无水氯化锌置于蒸发皿中加强热熔融，稍冷后放在干燥器中冷至室温，取出捣碎，溶于 23 ml 浓盐酸（密度 $1.187\ g \cdot cm^{-3}$）中。配制时再搅动，需要把容器放在冰水浴中冷却，以防氯化氢逸出。

4. 饱和溴水应稍过量，过量太多则不会出现白色沉淀。

六、思考题

（一）选择题

1. 下列化合物中，酸性最大的是

    A. 甲醇　　　　　　B. 异丙醇　　　　　C. 苯酚　　　　　D. 碳酸

2. 与氢溴酸反应相对速率最大的是

    A. 正戊醇　　　　　B. 环戊醇　　　　　C. 叔丁醇　　　　D. 甲醇

3. 不能与 $FeCl_3$ 溶液显色的化合物是

    A. 水杨酸甲酯　　　B. 水杨酸　　　　　C. 乙酰水杨酸　　　D. 萘酚

4. 能与新制 $Cu(OH)_2$ 反应显绛蓝色的化合物是

    A. 丙 -1- 醇　　　　　　　　　　　B. 丙 -1,2- 二醇

    C. 丙 -1,3- 二醇　　　　　　　　　D. 苯酚

5. 乙醇是酒的主要成分，下列说法不正确的是

    A. 95% 的乙醇和正丁醇中分别加入金属钠，观察到乙醇与金属钠反应较激烈，
说明乙醇与金属反应比正丁醇活泼

    B. 在硫酸存在下，乙醇与乙酸能脱水生成乙酸乙酯

    C. 刚喝过酒的人若对着吸有橙色铬酸试剂的硅胶吹一口气，硅胶变绿色

    D. 人们饮酒时，摄入的乙醇在醇脱氢酶作用下，在肝内被氧化成乙醛

6. 下列化合物中，沸点最高的是

    A. 乙醇　　　　　　B. 正丙醇　　　　　C. 甲醚　　　　　D. 丙三醇

7. 下列化合物经常被添加在天然气中，以便及时发现天然气泄漏的是

    A. 乙醚　　　　　　B. 乙烷　　　　　　C. 乙硫醇　　　　D. 氯乙烷

8. 关于乙醚的说法错误的是

    A. 乙醚中的 C—O—C 的键角是 180°　　B. 乙醚的沸点比乙醇低

    C. 乙醚的密度比水小　　　　　　　　D. 乙醚微溶于水，易溶于浓盐酸

（二）简答题

1. 为什么可以用卢卡斯试剂来鉴别伯、仲、叔醇？此方法有什么局限性？

2. 苯酚为什么能溶于氢氧化钠和碳酸钠溶液，而不溶于碳酸氢钠溶液？

3. 苯酚与饱和溴水反应很灵敏，能与饱和溴水反应，迅速产生白色沉淀的还有什么化合物？

4. "煤酚皂溶液"是含 50% 煤酚的肥皂溶液，俗称"来苏儿"。请分别写出其主要成分（2- 甲基苯酚、3- 甲基苯酚和 4- 甲基苯酚）的结构式，并写出两个它们的官能团

异构体结构式。

5. 写出满足下列条件的化合物 A 的结构式：A 的分子式为 $C_6H_{14}O$，能与金属钠反应放出氢气，能被酸性高锰酸钾溶液氧化成酮；A 与浓硫酸共热生成烯烃，且该烯烃催化加氢后得到 2,2- 二甲基丁烷。

（李　燕）

实验六　柱色谱法分离色素

一、实验目的

1. 学习并掌握柱色谱法的操作技能。
2. 熟悉色谱法的原理及其应用。

二、实验原理

色谱法又称层析法，是分析混合物组分或纯化各种类型物质的特殊技术。按操作形式不同，色谱法可分为柱色谱法、薄层色谱法和纸色谱法等。

用柱色谱法分离混合物时，柱内装有固定相（氧化铝或硅胶等），将少量样品溶液放在顶部，然后让流动相（洗脱剂）通过柱，移动的液相带着混合物的组分下移，各组分在两相间连续不断地发生吸附、脱附、再吸附、再脱附的过程。由于不同的物质与固定相的吸附能力不同，混合物的各组分将以不同的速率沿柱下移，不易吸附的化合物比吸附力大的化合物下移更快一些，因此用此法可将混合物的各组分分离。

亚甲蓝：化学式为 $C_{16}H_{18}N_3ClS$，用作化学指示剂、染料、生物染色剂；深绿色青铜光泽结晶或粉末；可溶于水和乙醇，不溶于醚类；在空气中较稳定，水溶液呈碱性，低毒。

甲基橙：化学式为 $C_{14}H_{14}N_3SO_3Na$，用作酸碱指示剂；橙黄色粉末或鳞片状结晶；微溶于水，易溶于热水，溶液呈金黄色，几乎不溶于乙醇；弱酸，微毒。

三、仪器和试剂

1. 仪器　天平、铁架台、烧杯、漏斗、滤纸、色谱柱、吸管、洗耳球、玻璃棒、脱脂棉。

2. 试剂　乙醇（95%）、甲基橙 - 亚甲蓝的乙醇溶液、去离子水、氧化铝。

四、实验内容

1. 装柱　用玻璃棒将少许脱脂棉放至色谱柱底部，轻轻压平并整理。不可压紧，以免洗脱剂流动不畅。称取氧化铝 15 g，干法装柱，用洗耳球轻轻敲打色谱柱，使氧化铝填装严密而均匀，并使柱面平整。然后在氧化铝表面放入一层薄薄的脱脂棉，打开柱开关。柱色谱法装置如图 2-10 所示。

2. 加样　从柱顶加入 95% 乙醇至柱下端有乙醇流出，并且柱顶尚留有 1 ～ 2 ml 乙醇时，加入甲基橙 - 亚甲蓝的乙醇溶液 1 ml。

3. 洗脱、分离　待溶液的上液面与柱上端脱脂棉层的上平面相平时，慢慢加入 95% 乙醇，随着溶液的移动，在管柱中可看见黄色和蓝色的色层。继续加入 95% 乙醇直到其中一种染料被完全洗脱为止。改用去离子水作为洗脱剂，可将第二种染料洗出。

实验完毕，倒出柱中氧化铝，将色谱柱洗净、晾干，倒立固定在铁架台上。

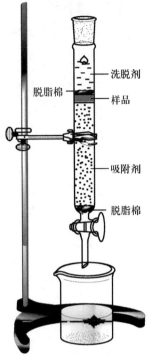

图 2-10　柱色谱法装置

五、注意事项

1. 使用干法装柱时，操作过程中应保持有充分的洗脱剂留在吸附层的上面。

2. 废弃的氧化铝只能倒入垃圾桶里，千万不可倒入水池，以防堵塞下水道。

3. 亚甲蓝可溶于水和乙醇，不溶于醚类。甲基橙微溶于水，易溶于热水，几乎不溶于乙醇。

六、思考题

（一）选择题

1. 下列关于柱色谱法不正确的说法是

　　A. 色谱体系包括两个相，一个是固定相，一个是流动相

　　B. 它是纯化和分离有机化合物的一种常用方法

　　C. 有干法和湿法两种装柱方法

　　D. 装柱时，固定相应当装得松散些，使固定相颗粒间保留大的空隙

2. 柱色谱法分离甲基橙与亚甲蓝，选用流动相为 95% 乙醇 - 水洗脱时

　　A. 先洗脱出甲基橙

　　B. 先洗脱出亚甲蓝

　　C. 两种化合物同时被洗脱出

　　D. 这种洗脱剂无法分离两种化合物

（二）简答题

1. 采用柱色谱法分离甲基橙和亚甲蓝混合染料时，为什么先用95%乙醇溶液作为洗脱剂，再用去离子水作为洗脱剂进行洗脱？如果两者次序交换是否可以？为什么？

2. 为什么在用有机溶剂作为洗脱剂时，要求它们必须干燥？

3. 装柱时如果柱内留有气泡、暗沟、断层或填装不均匀，对分离效果有何影响？

4. 在吸附剂上部填装0.5 cm厚的石英砂的目的是什么？

（沈凌屹）

实验七　醛、酮的性质

一、实验目的

1. 加深对醛、酮类化合物化学性质的认识。
2. 掌握主要醛、酮的鉴别方法。

二、实验原理

醛和酮分子中都含有官能团羰基，它们和氨的衍生物反应得到的产物通常是具有一定熔点的固体，因此这些反应可以用来进行醛、酮的定性鉴别。与羰基直接相连的 α- 碳原子上的 α-H，由于受羰基较强的吸电子诱导效应（-I 效应）影响，具有一定的弱酸性，在碱性条件下，α-H 可以被卤素取代，生成卤代醛、酮。此外，醛和酮主要的化学性质有差异，醛具有还原性，易被氧化成羧酸，而酮较难被氧化。所以，通常可以用一些弱氧化剂如托伦（Tollen）试剂、费林（Fehling）试剂、本内迪克特（Benedict）试剂将醛氧化成羧酸，而酮不能被弱氧化试剂氧化。

三、仪器和试剂

1. 仪器　试管、酒精灯、滴管、镊子、试管夹、水浴锅。
2. 试剂　2,4- 二硝基苯肼溶液、丙酮、甲醛、乙醛、H_2SO_4（3 mol·L^{-1}）、NaOH（50 g·L^{-1}）、$AgNO_3$（10 g·L^{-1}）、$NH_3·H_2O$（20 g·L^{-1}）、费林试剂 I、费林试剂 II、托伦试剂、碘溶液、稀硝酸。

四、实验内容

1. 2,4- 二硝基苯肼实验　取 2 支试管分别加入 5 滴 2,4- 二硝基苯肼溶液，然后于第一支试管中加入 2 滴乙醛，第二支试管中加入 2 滴丙酮、1 滴浓 H_2SO_4 摇匀，观察现象。若不析出沉淀，可静置 15 分钟或微热 1 分钟。

2. 费林试剂实验　取 2 支试管，每支试管中分别加入费林试剂 I 和 II 各 3 滴，摇匀后，在第一支试管中加入 5 滴乙醛，在第二支试管中加入 5 滴丙酮，摇匀，置于水浴锅中加热 15 分钟，观察现象。

3. 托伦试剂实验　取 2 支洁净的试管，于每支试管中加入 5 滴 10 g·L^{-1} 的 AgNO$_3$ 溶液，一边振摇，一边逐滴加入 NH$_3$·H$_2$O（20 g·L^{-1}）至产生的沉淀刚好溶解为止。在第一支试管中加入 2 滴甲醛，在第二支试管中加入 2 滴丙酮。摇匀，置于水浴锅中加热，观察现象。

4. 碘仿反应实验　取 3 支干燥试管，在第一支试管中加入 5 滴甲醛，第二支试管中加入 10 滴乙醛，第三支试管中加入 10 滴丙酮。然后于每支试管中分别加入 5 滴碘液，摇匀后，在每支试管中滴加 NaOH（50 g·L^{-1}）至碘的颜色消失为止，观察现象。若出现白色乳液，可把试管放入 50 ~ 60 ℃的水浴锅中温热数分钟，再观察结果。

五、注意事项

1. 费林试剂 I 的制备方法：将 34.6 g CuSO$_4$·5H$_2$O 溶于 500 ml 水中；费林试剂 II 的制备方法：将 173 g 酒石酸钾钠、70 g NaOH 溶于 500 ml 水中。

2. 2,4- 二硝基苯肼试剂的制备方法：将 2,4- 二硝基苯肼溶于浓硫酸中，加 95% 乙醇，后用蒸馏水稀释，搅拌混合均匀，使用前必须过滤。

3. 托伦试剂实验中，试管必须十分洁净，否则，不能生成银镜，仅出现黑色絮状沉淀。氨水浓度不能太大，滴加氨水的速度一定要缓慢，否则产生的银镜会发黑。

4. 托伦试剂必须临时配制，不能储存，因放置过久会生成爆炸性的氮化银沉淀。另外，反应不能明火加热，否则会生成具有爆炸性的雷酸银（Ag$_2$C$_2$N$_2$O$_2$）。

5. 实验完毕，试管壁上的银可用稀硝酸洗净。

六、思考题

（一）判断题

1. 醛、酮中的碳氧双键与烯烃中的碳碳双键都为双键结构，因此它们既可以发生亲核加成，又可以发生亲电加成。

2. 醛、酮分子中都含有氧原子，可与水形成分子间氢键。

3. 醛与醇缩合生成的缩醛常用于保护醛基。

4. 费林试剂可用于鉴别醛和酮。

5. 乙醇不能发生碘仿反应。

6. 醛、酮化学性质比较活泼，都能被弱氧化剂氧化成相应的羧酸。

7. 只要含有 α-H 的醛和酮均能够发生碘仿反应。

8. 丙酮与费林试剂反应生成氧化亚铜的砖红色沉淀。

（二）选择题

1. 下列羰基化合物中，可以与 HCN 反应的是

A. 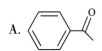 B.

C.   D.

2. 下列化合物中，可以发生碘仿反应的是

A. 丙 -1- 醇　　　B. 丙 -2- 醇　　　C. 丙醛　　　D. 戊 -3- 酮

3. 能与 2,4- 二硝基苯肼反应生成黄色沉淀，但不发生银镜反应和碘仿反应的化合物是

A. $CH_3CH_2CH_2CHO$ 　　　　B. $CH_3CH_2CH(OH)CH_3$

C. $CH_3COCH_2CH_3$ 　　　　D. $CH_3CH_2COCH_2CH_3$

4. 检查糖尿病患者从尿中排出的丙酮，可以采用的方法是

A. 与 NaCN 和 H_2SO_4 反应

B. 与格氏（Grignard）试剂和 HCl 反应

C. 在干燥 HCl 存在下与乙醇反应

D. 与碘的 NaOH 溶液反应

5. 下列有关丙酮的描述不正确的是

A. 丙酮可以通过丙 -2- 醇氧化得到

B. 丙酮与费林试剂反应生成氧化亚铜的砖红色沉淀

C. 丙酮与苯肼反应生成黄色结晶——苯腙

D. 丙酮是酮体的组成物质之一

6. 能发生醇醛缩合反应的羰基化合物是

A. 甲醛　　　　B. 乙醛　　　　C. 苯甲醛　　　　D. 丙酮

7. 下列化合物属于半缩醛结构的是

A. 　　B.　　C.　　D.

8. 用 I_2+NaOH 试剂鉴别下列化合物，无碘仿沉淀生成的是

A. 乙醇　　　　B. 正丙醇　　　　C. 异丙醇　　　　D. 丙酮

9. 下列试剂中不能用来鉴别丙醛和丙酮的试剂是

A. 托伦试剂　　　　　　　B. 费林试剂

C. $NaOH + I_2$ 溶液　　　　D. HNO_2 溶液

10. 下列化合物不能进行银镜反应的是

A. 　　　　　　　　　　B.

C. 　　　　　　　　　　D.

11. 能与亚硫酸氢钠反应又能发生碘仿反应的化合物是

A. 　　　　　　　　　　B.

C. 　　　　　　　　　　D.

12. 欲从丙酮中检出丙醛，可使用

    A. 卢卡斯试剂　　　　　　　　B. 费林试剂

    C. 2,4- 二硝基苯肼　　　　　　D. 碘的碱溶液

13. 下列反应中，戊 -3- 酮可以发生的是

    A. 碘仿反应　　　　　　　　　B. 银镜反应

    C. 与 HCN 的加成反应　　　　D. 与 2,4- 二硝基苯肼生成沉淀反应

14. 下列化合物按亲核加成反应活性从高到低次序排列正确的是

    ①乙醛　②丙酮　③苯乙酮　④苯甲醛　⑤甲醛

    A. ⑤④①②③　　　　　　　　B. ⑤①④②③

    C. ④①⑤②③　　　　　　　　D. ④③①⑤②

15. 把 $H_3C{-}\underset{H}{C}{=}\underset{H}{C}{-}CHO$ 转变成 $H_3C{-}\underset{H}{C}{=}\underset{H}{C}{-}CH_2OH$ 可选择下列试剂中的

    A. $KMnO_4$，H^+　　　　　　B. I_2，NaOH

    C. $NaBH_4$，CH_3OH　　　　D. Ni，H_2

16. 下列化合物中，既能发生酯化反应，又能发生银镜反应的是

    A. 甲醇　　　　B. 甲醛　　　　C. 甲酸　　　　D. 乙酸

17. 下列化合物不能与托伦试剂发生反应的是

    A. 甲酸　　　　B. 苯甲醛　　　　C. 3- 苯基丙醛　　　　D. 丁酮

18. 丙酮具有的性质是

    A. 与 $FeCl_3$ 反应显色　　　　　B. 与托伦试剂反应

    C. 能与溴水反应　　　　　　　D. 能与 I_2/NaOH 反应

（三）简答题

什么结构的化合物能发生碘仿反应？为什么实验时不使用溴或者氯与之生成对应的溴仿或者氯仿？

（沈凌屹）

实验八 羧酸、取代羧酸的性质

一、实验目的

1. 熟悉羧酸、取代羧酸的性质。
2. 掌握羧酸、取代羧酸的鉴别方法。

二、实验原理

羧酸在水中会解离出稳定的氢离子和羧酸根负离子：

$$R(Ar)COOH \rightleftharpoons R(Ar)COO^- + H^+$$

羧基上的氢原子解离后，羧酸根上的负电荷通过 p-π 共轭平均分布在羧酸根的三个原子上，这种电荷分散促使羧酸根的能量降低，因而稳定性比相应的酸更强，所以羧基上的氢原子易解离，导致其水溶液显酸性。

羧酸和醇在酸的催化作用下可发生酯化反应，酯化反应是可逆反应，为了提高酯的产率，通常采用增加反应物的浓度或及时蒸出反应生成物的方法，使平衡向生成物方向移动。

同分异构体之间相互转变，并以一定比例呈动态平衡存在的现象称为互变异构现象。从理论上讲，凡是有 α-H 的羰基化合物都可能有酮型和烯醇型两种互变异构体存在，但实际情况是亚甲基受到双重活化的化合物才能检测到烯醇型结构。亚甲基受到的吸电子作用越强，越容易形成烯醇型结构。羰基试剂可以鉴别酮型结构，烯醇型结构能通过与 $FeCl_3$ 反应生成有色配合物而被鉴别。

三、仪器和试剂

1. 仪器　天平、试管、烧杯、温度计、酒精灯、试管夹、水浴锅、滴管。

2. 试剂　NaOH（50 g·L^{-1}）、KMnO$_4$（0.5 g·L^{-1}）、碘溶液、FeCl$_3$（10 g·L^{-1}）、浓 H$_2$SO$_4$、HCl（2 mol·L^{-1}）、饱和溴水、甲酸（0.1 mol·L^{-1}）、乙酸（冰醋酸，0.1 mol·L^{-1}）、草酸（0.1 mol·L^{-1}）、苯甲酸晶体、草酸晶体、乳酸（0.1 mol·L^{-1}）、酒石酸（0.1 mol·L^{-1}）、异戊醇、乙酰乙酸乙酯、2,4-二硝基苯肼、乙酸乙酯、丙酮。

四、实验内容

1. 羧酸的性质

（1）酸性：取苯甲酸晶体和草酸晶体各 0.1 g，分别装于 2 个试管中，分别加 1 ml 水振摇，再于每支试管中逐滴加入 50 g·L^{-1} NaOH 直至溶液恰好澄清。在此澄清液中再逐滴加入 2 mol·L^{-1} HCl，观察现象。

（2）酯化反应：取乙酸和异戊醇各 10 滴加入一干燥的试管中，摇匀，小心加入浓 H$_2$SO$_4$ 10 滴，摇匀，将试管浸入 60～70 ℃的水浴中，加热 10 分钟后取出试管，冷却，然后加入 2 ml 水，观察现象。

2. 取代羧酸的性质

（1）氧化实验：5 支试管中分别加入 0.1 mol·L^{-1} 甲酸、0.1 mol·L^{-1} 乙酸、0.1 mol·L^{-1} 草酸、0.1 mol·L^{-1} 乳酸、0.1 mol·L^{-1} 酒石酸各 3 滴，然后在每支试管中加入 1 滴 0.5 g·L^{-1} KMnO$_4$，振摇，水浴加热，观察现象。

（2）酮式 - 烯醇式互变异构

1）取丙酮、乙酸乙酯、乙酰乙酸乙酯各 5 滴分别滴于 3 支试管中，每支试管中再加入 1 ml 2,4- 二硝基苯肼溶液，观察现象。

2）取丙酮、乙酸乙酯、乙酰乙酸乙酯各 5 滴分别滴入 3 支试管中，每支试管中加入 1～2 滴 10 g·L^{-1} FeCl$_3$，观察现象。在有紫色出现的试管中，加入数滴饱和溴水，观察现象，稍待片刻后，观察有何变化。

五、注意事项

酯化反应的反应器一定要干净、干燥，且加热时勿使管内液体沸腾。

六、思考题

（一）判断题

1. 天然氨基酸均为 L 构型，除甘氨酸外，按 *R/S* 命名，均为 *S* 型。

2. 中性氨基酸的纯水溶液的 pH 为 7。

3. 羧酸酸性比碳酸强，因此羧酸是强酸。

4. 所有的酯化反应都是酸脱羟基，醇脱氢，生成酯和水的反应。

5. 酰胺分子羰基和氨基氮原子的孤对电子形成 *p-π* 共轭效应，其碱性减弱。

（二）选择题

1. 氨基酸在等电点时表现为

  A. 溶解度最大   B. 溶解度最小   C. 化学惰性   D. 向阴极移动

2. 下列化合物酸性最强的是

  A. 乙醇   B. 乙酸   C. 碳酸   D. 苯酚

3. 能与托伦试剂反应的是

  A. 乙酸   B. 甲酸   C. 乙醇   D. 丙酮

4. 不能发生银镜反应的化合物是

  A. 甲酸   B. 丙酮   C. 丙醛   D. 葡萄糖

5. 既能发生酯化反应，又能发生银镜反应的化合物是

  A. 乙醇   B. 乙醛   C. 乙酸   D. 甲酸

6. 下列化合物不属于酮体的是

  A. 丙酮   B. α- 羟基丁酸   C. β- 羟基丁酸   D. β- 丁酮酸

7. 人在剧烈活动后，感到全身酸痛，是因为肌肉中

  A. 柠檬酸的含量增高   B. 碳酸的含量增高

  C. 苹果酸的含量增高   D. 乳酸的含量增高

8. 临床上常用作补血剂的是

  A. 柠檬酸铁铵   B. 乳酸   C. 柠檬酸钠   D. 苹果酸

9. 下列与水合茚三酮反应显色的是

  A. 葡萄糖   B. 氨基酸   C. 核糖核酸   D. 甾体化合物

10. 某氨基酸的纯水溶液 pH=6，则此氨基酸的等电点是

  A. 大于 6   B. 小于 6   C. 等于 6   D. 不能判断

11. 下列化合物中既可以与盐酸又可以与氢氧化钠发生反应的是

  A. C_2H_5COOH B. $C_2H_5NH_2$

  C. H_2NCH_2COOH D. 浓 HNO_3

12. 蛋白质中的肽键是指

  A. 酯键   B. 酰胺键   C. 氢键   D. 离子键

13. 色氨酸的等电点为 5.89，当其溶液的 pH=9 时

  A. 以负离子形式存在，在电场中向阳极移动

  B. 以正离子形式存在，在电场中向阳极移动

  C. 以负离子形式存在，在电场中向阴极移动

  D. 以正离子形式存在，在电场中向阴极移动

14. 鱼精蛋白的等电点为 12.0 ~ 12.4，当其溶液的 pH=12.2 时，它们存在的形式是

    A. 中性分子   B. 两性离子   C. 正离子   D. 负离子

15. 不含手性碳原子的氨基酸是

    A. 丙氨酸   B. 丝氨酸   C. 甘氨酸   D. 亮氨酸

16. 下列化合物的构型相同的是

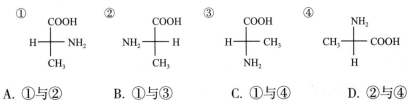

    A. ①与②   B. ①与③   C. ①与④   D. ②与④

（三）简答题

如何用乙酰乙酸乙酯实验证明酮式和烯醇式之间存在动态平衡？

（袁见萍）

实验九　乙酸乙酯的制备

一、实验目的

1. 通过乙酸乙酯的制备，加深对酯化反应的理解。

2. 掌握回流、蒸馏的操作，分液漏斗的使用操作，液体的洗涤、干燥等基本操作方法。

二、实验原理

羧酸与醇在酸（硫酸、苯磺酸等）催化下生成酯和水的反应，称为酯化反应。

酯化反应是可逆的，为了提高酯的产率，通常增加某种反应物的浓度，或者及时移除反应生成的酯或水，使平衡向生成物方向移动。羧酸和醇的结构对酯化反应的速率影响很大。一般情况下，α- 碳上没有支链的脂肪酸与伯醇的酯化反应最快。

$$R-\overset{\overset{\displaystyle O}{\|}}{C}-OH \ + \ HO-R' \underset{}{\overset{H^+}{\rightleftharpoons}} R-\overset{\overset{\displaystyle O}{\|}}{C}-OR' \ + \ H_2O$$

三、仪器和试剂

1. 仪器　天平、铁架台、铁圈、水浴锅、升降台、量筒（25 ml）、量筒（10 ml）、圆底烧瓶（50 ml）、蒸馏头、温度计套管、水银温度计、球形冷凝管、直形冷凝管、尾接管、锥形瓶（50 ml）、分液漏斗（100 ml）、广泛 pH 试纸、烧杯、长颈漏斗、脱脂棉、药匙、玻璃棒、烧杯。

2. 试剂　乙酸、乙醇（95%）、浓硫酸、饱和 Na_2CO_3 溶液、饱和 $CaCl_2$ 溶液、饱和 NaCl 溶液、无水 $MgSO_4$、沸石。

四、实验内容

1. 酯化反应　向干燥洁净的 50 ml 圆底烧瓶中加入 12.0 ml 95% 乙醇和 7.5 ml 乙酸，混匀。然后分 3 ~ 4 次小心加入 4.2 ml 浓硫酸（每次加入浓硫酸后，均需小心摇动烧瓶，使之混合均匀）。加入 2 粒沸石，安装球形冷凝管，搭成回流装置。打开冷凝水，水浴加热，回流约 30 分钟。

待烧瓶内液体冷却后，取下球形冷凝管，向烧瓶中重新加入 2 粒沸石。安装蒸馏装置，注意要使用直形冷凝管，温度计水银球上限与蒸馏头支管下限水平，接收锥形瓶需浸泡在冷水中。接通冷凝水，水浴加热，蒸馏至不再有馏出液为止。

2. 产品的纯化　少量分批缓慢地将饱和 Na_2CO_3 溶液加入馏出液中，并充分振荡，直到无二氧化碳气体逸出为止。取 100 ml 分液漏斗，使用前提前检查好气密性，关好活塞。将混合溶液转移至分液漏斗中，再充分振摇，振摇过程中注意放气，静置分层后，下层溶液放出至废液杯。用 pH 试纸检验酯层是否为中性，如果酯层仍显酸性，再用饱和 Na_2CO_3 溶液洗涤，直至酯层显示为中性为止。

酯层依次用 15 ml 饱和 NaCl 溶液洗涤 1 次、饱和 $CaCl_2$ 溶液（每次 5 ml）洗涤 2 次。最后，从分液漏斗的上口将乙酸乙酯倾入干燥的 50 ml 锥形瓶中，分批加入适量无水 $MgSO_4$ 进行干燥。

把干燥好的粗乙酸乙酯滤入干燥洁净的 50 ml 圆底烧瓶中，过滤时长颈漏斗尖端靠在圆底烧瓶内壁，以免滤液飞溅而损失。加入 2 粒沸石，安装蒸馏装置，在水浴上加热蒸馏，收集 74 ~ 80 ℃的馏分。拆卸蒸馏装置，产品称重，并计算产率。

五、实验注意事项

1. 回流时，注意控制温度。温度过低，酯化反应不完全；温度过高，易发生乙醇分子间和分子内脱水等副反应。

2. 饱和 Na_2CO_3 溶液用于除去未反应完全的乙酸；饱和 NaCl 溶液用于洗去粗产品中的碳酸钠和少量的水；用饱和 $CaCl_2$ 溶液洗涤时，氯化钙与乙醇形成配合物而溶于饱和 $CaCl_2$ 溶液中，由此可除去粗产品中所含的乙醇。

3. 因为水与乙醇、乙酸乙酯能形成二元或三元恒沸物，故在未干燥前是清澈透明溶液，所以不能以产品透明作为干燥好的标准，而应以干燥剂加入后无明显结块来确定。加入干燥剂后需放置 30 分钟，放置期间要不时摇动。

4. 空瓶应该先称重。

六、思考题

（一）选择题

1. 下列化合物中，发生酯化反应最难的是

　　A. 甲醇　　　　　B. 乙醇　　　　　C. 正丙醇　　　　　D. 异丙醇

2. 当被加热的物质要求受热均匀，且温度不高于 100 ℃时，最好使用

    A. 水浴   B. 砂浴   C. 酒精灯加热   D. 油浴

3. 下列酯碱水解活性最高的是

    A. $CH_3COOC(CH_3)_3$ B. $CH_3COOCH_2CH_3$

    C. $CH_3COOCH(CH_3)_2$ D. $CH_3COOCH_2CH(CH_3)_2$

4. 羧酸衍生物发生亲核取代反应的活性最低的是

    A. 酰卤   B. 酸酐   C. 酯   D. 酰胺

5. 羧酸衍生物在其水解、醇解和氨解反应过程中，能够作为酰化剂提供酰基，其中活性最高的是

    A. 酰卤   B. 酸酐   C. 酯   D. 酰胺

6. 下列化合物中可以发生缩二脲反应的是

    A. 尿素   B. 丙氨酸   C. 甘丙二肽   D. 蛋白质

7. 关于脲（ ） 说法错误的是

    A. 是哺乳动物体内蛋白质代谢的最终产物

    B. 是碳酸的二元酰胺，易溶于水

    C. 不能发生水解反应

    D. 能与亚硝酸反应放出 N_2

8. 关于丙二酰脲（ ） 说法错误的是

    A. 它可以由脲与丙二酰氯反应制得

    B. 丙二酰脲存在酮式 - 烯醇式互变异构现象，其烯醇式称为巴比妥酸

    C. 巴比妥酸（pK_a 为 3.85）的酸性比乙酸（pK_a 为 4.76）弱

    D. 巴比妥类药物具有镇静催眠和麻醉作用

9. 下列有机溶剂极性最大的是

    A. 环己烷   B. 甲苯

    C. 二氯甲烷   D. N,N- 二甲基甲酰胺

（二）简答题

1. 为什么反应液在降温后需要再加热至沸腾时需要重新加入沸石？

2. 本实验中第一次蒸馏时的馏出液中，除了含有乙酸乙酯，还含有什么物质？

3. 根据下列条件，写出 A、B、C 的结构。A、B、C 三种化合物的分子式都是 $C_3H_6O_2$。A 与 $NaHCO_3$ 溶液作用放出 CO_2；B 和 C 都不能与 $NaHCO_3$ 溶液作用，但在 $NaOH$ 溶液中可以加热水解，B 水解后的蒸馏产物能发生碘仿反应，而 C 的水解产物不能发生碘仿反应。

（肖　竦　李　燕）

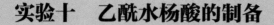

实验十 乙酰水杨酸的制备

一、实验目的

1. 了解酰化反应的基本原理。

2. 学习常用药物乙酰水杨酸的制备方法。

3. 掌握减压过滤、重结晶的基本操作。

二、实验原理

乙酰水杨酸，又称阿司匹林，为白色针状结晶，熔点为 136 ℃，易溶于乙醇、乙醚，口服后在肠内分解为水杨酸，有解热镇痛作用，是一种常用的解热镇痛药。它有多种合成方法，最常用的方法是以水杨酸和乙酸酐为原料，在浓 H_2SO_4 的催化下发生酰化反应。

$$\underset{\text{COOH}}{\text{OH}} + (CH_3CO)_2O \xrightarrow{\text{浓}H_2SO_4} \underset{\text{COOH}}{\overset{\text{O—C—CH}_3}{\parallel}} + CH_3COOH$$

水杨酸具有酚羟基，能与三氯化铁试剂发生颜色反应；而乙酰水杨酸没有酚羟基，不能与三氯化铁试剂发生反应。利用此性质可进行阿司匹林的纯度检验。

三、仪器和试剂

1. 仪器　天平、锥形瓶、抽滤瓶、烧杯、布氏漏斗、温度计、量筒、真空泵、水浴锅、玻璃棒、试管。

2. 试剂　浓硫酸、乙醇（95%）、水杨酸、乙酸酐、$FeCl_3$ 溶液（0.001 mol·L^{-1}）。

四、实验内容

1. 乙酰水杨酸的制备　称取 3 g 水杨酸，放入干燥的锥形瓶中，用干燥的小量筒量取 8 ml 乙酸酐缓慢加入该锥形瓶中，再滴入 15 滴浓硫酸，在锥形瓶口盖上一干燥的小烧杯，充分摇匀后，放入 70 ~ 80 ℃水浴中加热，并不断振摇直到固体溶解，待固体完全溶解开始计时，加热15分钟。

取出锥形瓶，稍冷，加入3 ml水，以分解过量乙酸酐，反应产生的热量会使瓶内液体沸腾，蒸气急速外逸，因此加入水时，瓶口不能对着实验人员。乙酸酐分解后，再加入30 ml水，将锥形瓶放入冰水中静置结晶。如无晶体析出，可用玻璃棒摩擦锥形瓶内壁，以加速晶体的析出。

待晶体完全析出后，抽滤，用少量冷水洗涤晶体，并抽干，即得乙酰水杨酸的粗制品，留取少量粗制品于小试管中，用于后续乙酰水杨酸纯度检验试验。

2. 粗制品的重结晶　将剩余乙酰水杨酸的粗制品放入100 ml小烧杯中，再加入2 ml 95%乙醇，水浴加热片刻使其溶解，然后加入8～10 ml的冷水，冷却后析出白色结晶。减压过滤，抽干，即得乙酰水杨酸精制品。取少量乙酰水杨酸精制品于另一支小试管。

3. 产品纯度检验　分别用适量乙醇溶解留取的乙酰水杨酸粗制品和精制品，然后各加入1～2滴0.001 mol·L^{-1} FeCl$_3$溶液，观察并比较两溶液的颜色。

五、注意事项

1. 酰化试剂也可用乙酰氯、乙酸。

2. 水杨酸应当是完全干燥的，可在烘箱中105 ℃下干燥1小时。

3. 水杨酸形成分子内氢键，阻碍酚羟基酰化作用。

水杨酸与酸酐直接作用需加热至150～160 ℃才能生成乙酰水杨酸，如果加入浓硫酸（或磷酸），氢键被破坏，酰化作用可在较低温度下进行，同时副产物大大减少。

4. 催化剂可用浓硫酸或0.3 ml磷酸。

5. 乙酰水杨酸受热后易发生分解，分解温度为126～135 ℃。

六、思考题

简答题

1. 乙酰水杨酸重结晶时加热溶解粗制品是不是时间越长越好？

2. 乙酰水杨酸重结晶溶解晶体时，加入的乙醇的体积有什么要求？为什么？

（袁见萍）

实验十一　胺类化合物的性质

一、实验目的

1. 熟悉胺类化合物的性质。
2. 掌握胺类化合物的鉴别方法。

二、实验原理

胺类化合物中氮原子上有未成对电子，可接受质子而呈碱性（图 2-11）。其碱性强弱主要由胺类化合物分子结构决定。由于烷基是供电子诱导效应（+I 效应），可增强脂肪胺中氮原子的电子云密度，从而增强氮原子接受质子的能力，

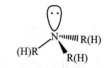

图 2-11　胺类化合物的结构

因此脂肪胺的碱性比氨强，且氮原子上连接的烷基越多，胺类化合物的碱性就越强。但烃基数目的增加或者体积增大，同时会增强对氮原子上的孤对电子的屏蔽作用，从而减弱氮原子接受质子的能力，降低胺类化合物的碱性。

胺类化合物的碱性还会受溶剂的制约。因为铵离子可以与水发生溶剂化作用，增加其稳定性，从而增强胺类化合物的碱性。铵离子上的 H 越多，溶剂化作用则越强，对应胺类化合物的碱性越强。因电子效应、空间效应及溶剂化效应等多种因素的影响，脂肪仲胺的碱性最强。

芳香胺分子中的氮原子上的孤对电子与苯环形成 p-π 共轭体系（图 2-12），氮原子上孤对电子离域到芳环上，降低了氮原子上的电子云密度，因此其碱性比氨和脂肪胺都要弱得多。同时芳香胺的体积较大，也使其碱性减弱。

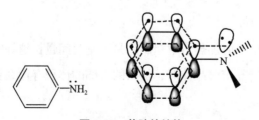

图 2-12　苯胺的结构

由于胺类化合物显碱性，因此胺类化合物可以和酸发生反应生成铵盐。铵盐溶解性较好，性质稳定，制药工业上常将难溶于水的胺类药物制成相应的盐用于增强其水溶性。

把反应中能提供酰基的化合物称为酰化剂。酰化剂与含活泼氢的化合物的反应称为酰化反应。酰卤和酸酐是最常用的酰化剂。胺的酰化反应是指胺类化合物的氮原子上的 H 和酰基反应生成酰胺类化合物的反应。由于叔胺氮原子上无氢，故不能发生酰化反应，伯胺、仲胺分子中氮原子上有氢原子，能与酰氯和酸酐发生酰化反应，生成 N- 烃基酰胺或 N,N- 二烃基酰胺。芳香胺的氨基易被氧化，在有机合成中常利用酰化反应保护芳香胺分子的氨基。与此同时芳香胺分子中引入酰基后其脂溶性增强，有利于提高或延长这类药物的药效。

由于芳香胺中氮原子上的孤对电子与苯环形成共轭效应后，苯环上的电子云密度增加，更容易发生苯环的亲电取代反应。因此，常温下苯胺就可以和溴水发生反应得到 2,4,6- 三溴苯胺白色沉淀。此反应非常灵敏迅速，可以用来鉴别和定量分析苯胺。

三、仪器和试剂

1. 仪器　试管、烧杯、温度计、酒精灯、滴管、红色石蕊试纸。

2. 试剂　NaOH（$100\ \text{g}\cdot\text{L}^{-1}$）、HCl（浓 HCl）、饱和溴水、蒸馏水、乙酸酐、苯胺、二乙胺、N- 甲基苯胺、N,N- 二甲基苯胺。

四、实验内容

1. 胺的碱性　分别取苯胺、二乙胺各 5 滴加入 2 支试管中，每支试管中加入蒸馏水 2 ~ 3 ml，充分振摇，观察其溶解情况，用红色石蕊试纸检测溶液的酸碱性。然后再分别滴加 2 ~ 3 滴浓盐酸至溶液显酸性，观察现象。

2. 胺的酰化反应　取苯胺、N- 甲基苯胺、N,N- 二甲基苯胺各 3 滴分别滴入 3 支试管中，每支试管中再滴入 3 滴乙酸酐，充分振摇后，加热 2 分钟，冷却后加入 10 滴 $100\ \text{g}\cdot\text{L}^{-1}$ NaOH 至溶液显碱性，观察现象。

3. 胺的溴化反应　取苯胺、N- 甲基苯胺、N,N- 二甲基苯胺各 1 滴，分别滴入 3 支试管中，每支试管中再分别加入蒸馏水 8 滴，混匀，然后逐滴加入 2 ~ 3 滴饱和溴水，观察现象。

五、注意事项

乙酸酐对呼吸道有刺激作用，人体吸入乙酸酐后会引起咳嗽、胸痛及呼吸困难。

其蒸气对眼有刺激性。若眼和皮肤直接接触乙酸酐液体可致灼伤。因此应加强实验室通风，在通风橱内进行相关操作。

六、思考题

（一）判断题

1. 含氮有机化合物都具有碱性，且都是弱碱。

2. 胺类化合物都可以和酰化剂发生酰化反应。

3. 苯胺与硝酸和浓硫酸的混合酸直接反应即可得到硝基苯胺。

4. 脂肪胺分子能和水形成氢键，因此胺类化合物都能溶于水中。

5. 伯、仲、叔胺与伯、仲、叔醇在结构上没有区别，如叔胺和叔醇都是氨基和羟基与叔碳相连。

（二）选择题

1. 下列化合物中碱性最强的是

    A. NH_3 B. $(CH_2CH_3)_2NH$

    C. $(CH_2CH_2CH_3)_4N^+OH^-$ D. $PhNH_2$

2. 下列化合物中属于季铵盐类的是

3. 丙胺、异丙胺、三甲胺互为异构体，下列叙述不正确的是

    A. 由于三甲胺为叔胺，不能形成分子间氢键，故其沸点最低

    B. 正丙胺为伯胺，加入亚硝酸有 N_2 放出

    C. 异丙胺为仲胺，加入亚硝酸有黄色油状物生成

    D. 这三种胺与盐酸反应均生成易溶于水的铵盐

4. 化合物：a. 二乙胺，b. 三乙胺，c. 苯胺，d. 乙酰苯胺，e.NH_3，f. 邻苯二甲酰亚胺，g. 氢氧化四甲铵，它们的碱性由强到弱的顺序为

    A. efadcbg   B. gfeabcd   C. gabecdf   D. gbacedf

5. 存在于生物体内的胆碱（choline）的分子式为 $[HOCH_2CH_2N^+(CH_3)_3]OH^-$，它属于

    A. 季铵碱   B. 脂肪胺   C. 氨基酸   D. 醇

（三）完成下列反应方程式。

1.

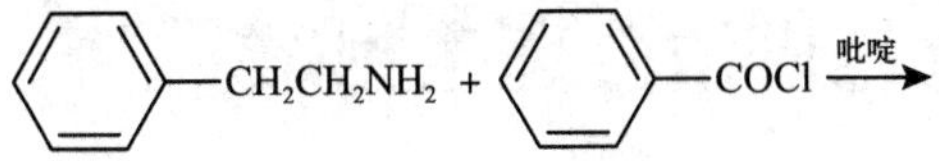

2.

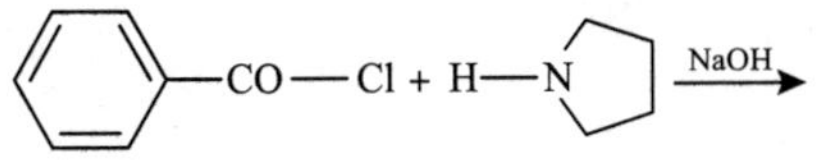

3.

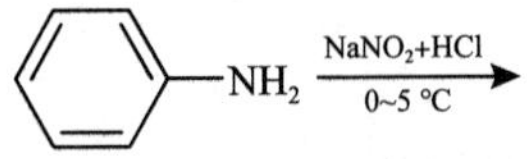

4. $(CH_3)_2NH \xrightarrow[0\sim5\ ℃]{NaNO_2+HCl}$

5.

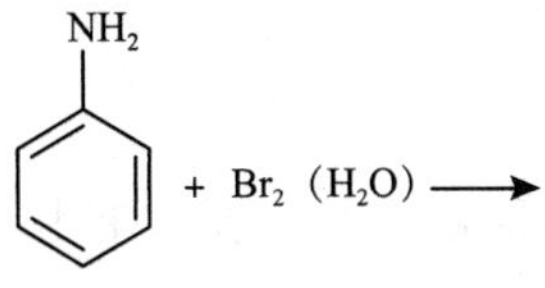

6.

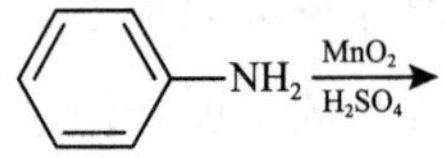

（四）排列下列物质的碱性顺序

1. 氨，乙胺，二乙胺，苯胺，二苯胺

2. 甲胺，二甲胺，苯胺，二苯胺

3. 对甲基苯胺，对硝基苯胺，苯胺

（五）推导题

化合物 A 的化学式为 $C_5H_{11}O_2N$，该化合物具有旋光性，用稀碱处理发生水解生成 B 和 C。B 也具有旋光性，它既能与酸成盐，也能与碱成盐，并与 HNO_2 反应放出 N_2。C 无旋光性，能与金属 Na 反应放出 H_2，并能发生碘仿反应。试写出 A、B、C 的结构式。

（六）简答题

如何鉴别伯、仲、叔胺化合物？

（袁见萍）

实验十二　薄层色谱法分离生物碱

一、实验目的

1. 了解薄层色谱法基本原理及其在有机化合物分离中的应用。
2. 掌握薄层色谱法的操作技术。

二、实验原理

薄层色谱法（thin layer chromatography，TLC），又称薄层层析，是一种快速、简单、高效的色谱法，其操作方法是将吸附剂（固定相）均匀地铺在玻璃板上，把欲分离的样品点样到薄层上，然后用合适的溶剂作流动相（又称展开剂）展开而达到分离的目的，并采用适当的方法显色，进行鉴定和定量分析。

一定的物质由于在两相间有固定的分配系数，因此在板上的移动也有固定的比移值（R_f值）：

$$R_f = \frac{样品原点中心到斑点中心的距离（r）}{样品原点中心到溶剂前沿的距离（R）}$$

由于薄层色谱法比移值重现性较差，展开大的薄层板时易出现边缘现象，故需将标准样品与样品在同一块板上同时展开，以克服比移值重现性差的缺点。

三、仪器和试剂

1. 仪器　薄层板、玻璃棒、胶布、长方形色谱缸、直尺、毛细管、铅笔、碘蒸气缸。
2. 试剂　小檗碱（黄连素）乙醇溶液、咖啡因乙醇溶液、小檗碱咖啡因的乙醇溶液、氧化铝、展开剂（氯仿∶甲醇＝9∶1）。

四、实验内容

1. 制板　薄层板分软板（将吸附剂直接铺于薄层板上制成）和硬板（在吸附剂中加粘合剂或溶剂调制后涂布于薄层板上），常用的吸附剂有氧化铝和硅胶，本实验采用氧化铝软板。具体操作如下：将氧化铝倒在薄层板上，取直径均匀的一根玻璃棒，将两端用胶布缠好，然后用玻璃棒在薄层板上把吸附剂顺一个方向推动，使吸附剂均匀地铺在薄层板上即成薄层。要求薄层光滑、平整、厚度均匀，这样才能获得良好的分离效果。

2. 点样　在距薄层板一端约 10 mm 处，用内径小于 1 mm 的管口平整、干净并且干燥的毛细管吸取少量的样品，轻轻触及薄层板面，然后立即抬起，进行点样。若一次加样量不够，可等待溶剂挥发后重复点样。在薄层板的点样端左右各点上小檗碱乙醇溶液和咖啡因乙醇溶液，在两者的中间点上它们的混合溶液，样品间及样品与薄层边缘的间隔为 1 ～ 1.5 cm（图 2-13）。

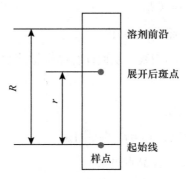

图 2-13　薄层色谱法示意图

3. 显色　样品展开后，小檗碱自身为黄色，可直接看到斑点的位置。由于咖啡因样品无色，需要用碘蒸气显色。将已干燥的薄层板放入碘蒸气缸中，几分钟后，待薄层板面显黄色时立即取出，置于空气中自然挥发至黄色消失，可看到咖啡因样品处呈现烟灰色斑点。

4. 比移值（R_f 值）的测定　化合物样品点在薄层板上上升高度与展开剂上升高度的比值称为该化合物的比移值。对于一种化合物，当展开条件相同时，R_f 值是一个常数。用直尺量出薄层板上样品小檗碱、咖啡因从点样端到展开后的斑点间的 r 值，展开剂前沿到点样端的 R 值，混合物中两个斑点到点样端的 r 值，分别记录下来并计算 R_f 值。比较并说明在一定条件下，可否利用 R_f 值对物质进行定性分析。

五、实验注意事项

1. 用玻璃棒把吸附剂推平之前，需尽量平铺均匀，否则容易出现凹陷。

2. 若因溶液太稀而需要重复点样，则应待前次点样的溶剂挥发后再重新点样，以防样点过大造成拖尾、扩散等现象，影响分离效果。

六、思考题

（一）判断题

1. 在薄层色谱法实验中，两个不同的化合物用同种展开剂展开，比移值越大的，说明其极性越大。

2. 在薄层色谱法实验中，玻璃应光滑、平整，洗净后不附水珠。

3. 在薄层色谱法实验中，分离度的要求为大于 1.5。

（二）选择题

1. 展开剂如果过多，其后果是

    A. 会使样品点中的各组分分不开

    B. 可能会淹没画出来的细线，从而使样品点被溶解

    C. 展开剂会挥发出来

    D. 展开剂与硅胶发生反应

2. 如果斑点出现拖尾现象，其可能的原因是

    A. 所点试样不够集中，样品点过大

    B. 铺的薄层板不均匀

    C. 薄层板放置不平衡

    D. 薄层板活化时间不够

3. 若分离极性较大的物质，采用的展开剂最好是

    A. 正己烷   B. 四氯化碳   C. 丙酮   D. 乙酸

4. 在有机合成实验中，需要快速得知反应液里面是否有新物质生成时，常采用的较快捷方便的方法是

    A. 气相色谱法   B. 液相色谱法   C. 薄层色谱法   D. 柱色谱法

（三）简答题

1. 在薄层色谱法实验中，对于未知极性的化合物，如何选择合适的展开剂？

2. 在薄层色谱法实验中，如何定量判断展开剂是否合适？

（沈凌屹）

实验十三　银杏叶中提取黄酮类化合物

一、实验目的

1. 掌握从银杏叶中提取黄酮类化合物的实验技术。
2. 学习使用 722 型分光光度计。
3. 熟悉黄酮类化合物的鉴定方法。

二、实验原理

银杏叶是一味常见的中药材，具有活血化瘀、通络止痛、敛肺平喘、化浊降脂的功效，用于瘀血阻络、胸痹心痛、中风偏瘫、肺虚咳喘、高脂血症。银杏叶具有广泛的生物活性，含有多种化学成分，主要包括黄酮类、萜类、多糖类、酚类、有机酸、生物碱、氨基酸、甾体化合物、微量元素等。其主要的具有药用价值的成分是黄酮类和萜类。黄酮类和萜类具有扩张血管、抗氧化等多方面的作用。

黄酮（flavonoid）是一类基于 2- 苯基 -1- 苯并吡喃 -4- 酮骨架的化合物，又称类黄酮。黄酮类化合物是两个具有酚羟基的苯环通过中央三碳原子相互连接的一系列化合物的总称。黄酮类化合物主要来源于水果、蔬菜、茶、葡萄酒、种子或植物根。这类化合物虽然不是维生素，但它们在生物体内具有营养功能，曾被称为"维生素 P"。黄酮类化合物的结构骨架如下所示：

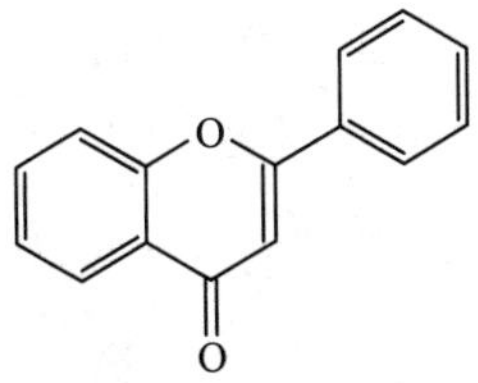

提取银杏叶有效成分的方法主要有水蒸气蒸馏法、有机溶剂萃取法、超临界流体萃取法。本实验采用有机溶剂萃取法。

三、仪器和试剂

1. 仪器　天平、100 ml 圆底烧瓶、回流冷凝管、铁架台、旋转蒸发仪、722 分光光度计、研钵、比色皿、容量瓶、移液管、量筒、烧杯、玻璃棒、水浴锅。

2. 试剂　干燥银杏叶粉末、芦丁、无水乙醇、浓盐酸、镁粉、$NaNO_2$ 溶液（5%）、$Al(NO_3)_3$ 溶液（10%）、$NaOH$ 溶液（4%）、乙酸乙酯。

四、实验方法

1. 配制体积分数为 70% 的乙醇溶液 100 ml。

2. 称取 20 g 银杏叶粉末置于 100 ml 圆底烧瓶中，加入 70% 的乙醇溶液 20 ml，加热回流提取 3 小时。取滤液用旋转蒸发仪浓缩，回收乙醇溶液，得到浓缩浸膏。在浓缩浸膏中加入蒸馏水 50 ml，再加入乙酸乙酯 20 ml，分 3 次进行萃取，回收乙酸乙酯，得到黄色粉末银杏叶的黄酮类化合物提取物。加入 70% 的乙醇定容到 100 ml。

3. 取提取的黄酮类化合物的乙醇溶液 1 ml，加放少量镁粉，然后加浓盐酸 4 ～ 5 滴，置于沸水浴中加热 2 ～ 3 分钟，出现红色则表示有游离黄酮类或黄酮苷。

4. 取 1 mg 芦丁，加入 10 ml 无水乙醇，制成 0.1 mg/ml 芦丁溶液，分别精密吸取芦丁对照液 0.00、0.50、1.00、2.00、3.00、4.00、5.00 ml 于 10.00 ml 容量瓶中，分别加入 5% $NaNO_2$ 溶液 0.3 ml，摇匀，静置 6 分钟；再加 10% $Al(NO_3)_3$ 溶液 0.3 ml，摇匀，静置 6 分钟；再加 4% $NaOH$ 溶液 4 ml，用 70% 乙醇稀释至刻度，摇匀，静置 12 分钟，以试剂做空白参比液，于 515 nm 处测定吸光度。

5. 使用移液管吸取银杏叶提取液 2.00 ml，置于 10.00 ml 容量瓶中，按标准曲线的制备方法测定各样品吸光度。

6. 通过标准曲线，用以下公式计算出提取液中黄酮类化合物的质量浓度：

$$n = \frac{M_{黄酮}}{M_{样品}} \times 100\%$$

五、注意事项

1. 黄酮类化合物同时具有脂溶性和水溶性，选择 70% 的乙醇加热回流提取。

2. 黄酮类化合物的乙醇溶液，在盐酸存下，能被镁粉还原，生成花色苷元而呈现红色或紫色。这是由于黄酮类化合物分子中含一个碱性氧原子，能溶于稀酸中，被还原成带 4 价的氧原子的盐。这是鉴别黄酮类化合物的一个反应。花色苷元随 pH 变化颜色有所不同，有红色（pH < 7）、紫色（pH=8.5）、蓝色（pH > 8.5），不加镁粉也能呈红色，注意加以区别。

3. 在中性或弱碱性条件下，当亚硝酸钠存在时，黄酮类化合物与铝盐发生螯合反应，加入 NaOH 溶液后，溶液显橙红色，在 515 nm 附近处有吸收峰。以芦丁为标准品，测定提取物中黄酮类化合物的含量。

六、思考题

（一）判断题

1. 吡喃是一类含硫原子的六元杂环。

2. 吡啶分子中 N 原子上的孤对电子可与水分子形成氢键，故易溶于水。

3. 杂环化合物中常见的杂原子有 O、S、N 原子。

4. 喹啉和异喹啉属于位置异构体。

5. 吡啶能表现出碱性，属于多元弱碱。

（二）选择题

1. 下列五个含氮的有机化合物，按照碱性由强到弱排列顺序为

　①吡咯　②吡啶　③苯胺　④苄胺　⑤对甲苯胺

　A. ④②③①⑤　　　B. ②④③①⑤　　　C. ④②⑤③①　　　D. ⑤③②④①

2. 烟叶中的有害物质烟碱（尼古丁）结构中的六元杂环母核是

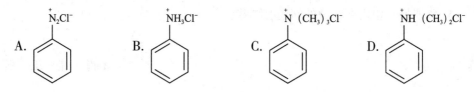

　A. 吡啶　　　　　B. 吡咯　　　　　C. 苯胺　　　　　D. 环戊烷

3. 吡咯和吡啶比较，下列叙述不正确的是

　A. 吡咯的碱性比吡啶强

　B. 吡啶分子和吡咯分子中氮都是 sp^2 杂化

　C. 吡啶环比吡咯环稳定

　D. 吡啶亲电取代反应活性比吡咯弱

4. 属于季铵盐类的化合物是

A. ⬡—$\overset{+}{N}_2Cl^-$　　　B. ⬡—$\overset{+}{N}H_3Cl^-$　　　C. ⬡—$\overset{+}{N}(CH_3)_3Cl^-$　　　D. ⬡—$\overset{+}{N}H(CH_3)_2Cl^-$

5. 芹菜素是一种黄酮类化合物，它能表现出酸性是因为分子结构中含有

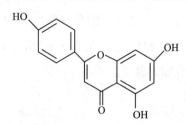

    A. 氧原子   B. 酚羟基   C. 羰基   D. 双键

6. 下列亲电取代反应的活性顺序正确的是

    A. 吡啶＞吡咯＞苯   B. 苯＞吡咯＞吡啶

    C. 吡咯＞吡啶＞苯   D. 吡咯＞苯＞吡啶

7. 叶绿素和血红素中存在卟啉系统，其基本单元是

    A. 呋喃   B. 吡咯   C. 噻吩   D. 噻唑

8. 下列化合物中属于稠杂环的是

    A. 嘧啶   B. 吡啶   C. 噻吩   D. 吲哚

9. 下列化合物中能使酸性高锰酸钾溶液褪色的是

    A. 吡啶   B. 3-甲基吡啶   C. 2-硝基吡啶   D. 苯

10. 下列杂环化合物中没有芳香性的是

    A. 吡喃   B. 呋喃   C. 吡啶   D. 吡咯

（三）简答题

1. 为什么噻吩、吡咯、呋喃比苯更容易发生亲电取代反应，而吡啶发生亲电取代反应比苯更难？

2. 为什么六氢吡啶的碱性比吡啶更强？

3. 嘌呤分子中的四个氮原子哪些属于吡啶型？哪些属于吡咯型？

4. 提取黄酮的方法是什么？采用什么装置？

5. 萃取操作中需要注意的问题有哪些？

（肖　竦　王　丽）

实验十四　茶叶中提取咖啡因

一、实验目的

1. 掌握升华法提纯有机化合物的操作技术。
2. 掌握常压蒸馏和回流装置的安装和基本操作。
3. 了解从天然产物中分离提纯化合物的方法。

二、实验原理

茶叶中的儿茶素和咖啡因是两类重要的天然成分，其中咖啡因是茶叶中主要的生物碱，在茶叶中的含量为 2% ~ 5%。咖啡因是杂环化合物嘌呤的衍生物，具有兴奋中枢神经系统、兴奋心脏、松弛平滑肌和利尿等作用。咖啡因的结构如下：

含结晶水的咖啡因为无色针状结晶，味苦；能溶于水、乙醇、氯仿等，微溶于石油醚；在 100 ℃时失去结晶水并开始升华，120 ℃时升华显著，178 ℃以上快速升华；无水咖啡因的熔点是 238 ℃。在植物中，咖啡因常与有机酸、丹宁等结合成盐的形式存在。从茶叶中提取咖啡因，通常有两种方法。

方法一：选用适当的有机溶剂（乙醇、氯仿、苯等）在索氏提取器中连续抽提，然后浓缩除去溶剂得到粗制咖啡因。由于粗制咖啡因中还含有其他一些生物碱和杂质，可利用咖啡因高温时快速升华的特点进一步纯化。

方法二：用碱性水溶液加热浸泡，使咖啡因呈游离状态溶于热水中，与不溶于水的纤维素、蛋白质、脂肪等分离。提取时可先用乙酸铅溶液处理，使溶于水中的酸性物质生成铅盐沉淀而除去，然后用有机溶剂萃取，使咖啡因转溶于有机溶剂，从而与色素等物质分离。再蒸去溶剂，即得粗制的咖啡因。因叶绿素极易溶于丙酮中，故可通过丙酮重结晶而将叶绿素除去或通过升华法纯化。

　　本实验选用乙醇为溶剂提取茶叶中的咖啡因。茶叶经乙醇回流后得到提取液，提取液经蒸馏除去大部分溶剂后得到浓缩液，浓缩液经升华纯化后即得咖啡因。

三、仪器和试剂

　　1. 仪器　天平、圆底烧瓶（150 ml）、直形冷凝管、球形冷凝管、索式提取器、铁架台、温度计、烧杯、蒸发皿、漏斗、水浴锅、滤纸筒、脱脂棉、滤纸、量筒、石棉网、电炉。

　　2. 试剂　茶叶末、乙醇（95%）、生石灰、沸石。

四、实验内容

　　1. 回流　称取 10 g 茶叶末，通过滤纸筒装入 150 ml 圆底烧瓶中，并加入 2 粒沸石，倒入 100 ml 95% 乙醇溶液。按图 2-14 安装好回流装置，加热回流 2 小时得提取液。

　　2. 回收　待提取液稍冷后，按图 2-15 安装常压蒸馏装置，蒸馏出提取液中的大部分乙醇，直至烧瓶内剩余约 10 ml 浓缩液。将蒸馏出的乙醇倒入指定回收容器内。

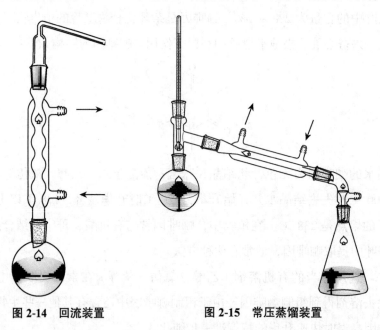

图 2-14　回流装置　　　　　图 2-15　常压蒸馏装置

　　3. 升华　将蒸馏瓶中的浓缩液倒入蒸发皿中，加入约 4 g 生石灰粉搅拌成黏稠状（生石灰起中和、吸水的作用），将蒸发皿置于垫上石棉网的电炉上，用小火加热，不停搅拌并压碎块状物，直至将浓缩液中的水分几乎全部除去（判断浓缩液中水分已基本除去的方法如下。①颜色：固体的颜色从深棕→棕黄→黄色→浅黄色；②固体颗粒大小：大颗粒→小颗粒→粉末状）。

待观察到蒸发皿中有少许烟雾升起，且能闻到茶香时，取一支已准备好的玻璃漏斗（该玻璃漏斗应与蒸发皿大小合适），漏斗颈部疏松地塞一小团脱脂棉，取一直径大于漏斗的滤纸罩在漏斗上，滤纸被玻璃漏斗罩住的部分用针扎满小孔，且孔刺朝向漏斗颈部的方向，将准备好的玻璃漏斗罩在蒸发皿上，用小火小心加热升华。

注意：整个升华过程始终用小火加热，否则会使提取物炭化，导致产品不纯。当滤纸小孔周围出现许多针状结晶时，停止加热。自然冷却至约 100 ℃，揭开漏斗，小心取下滤纸，仔细将附在滤纸及蒸发皿边缘的无色结晶用刮刀刮下。记录产品性状（颜色和晶型）。

五、实验注意事项

1. 生石灰起吸水和中和作用。天然生物碱一般以盐的形式存在，中和后游离出来，游离的生物碱易升华。

2. 蒸发皿上覆盖滤纸是防止升华凝固的咖啡因落入蒸发皿中，纸上的小孔可使蒸气通过，漏斗颈塞棉花可防止蒸气冒出。

3. 升华操作是实验的关键。在升华过程中，始终都需小火加热。如温度过高，易使一些有色物质蒸出，并使滤纸变黑，导致产品不纯。

六、思考题

（一）判断题

1. 所有生物碱都有不同程度的碱性。

2. 含氮原子的杂环化合物都是生物碱。

3. 生物碱与碘化铋钾多生成红棕色沉淀。

4. 生物碱的碱性成因主要是它在水溶液中能解离出 OH^-。

5. 蒸馏时温度计水银球的位置应该与蒸馏烧瓶支管口的下沿平齐。

（二）选择题

1. 升华操作的过程是指

　　A. 具有较高蒸气压的固体物质，在加热到熔点以下时，不经过液态而直接气化，蒸气受到冷却又直接冷凝成固体

　　B. 把固体物质加热熔融

　　C. 把固体物质加热沸腾

　　D. 把热蒸气冷凝成固体

2. 在升华操作过程中，要求用小火间接加热，若未按要求操作最可能导致

　　A. 发生聚合　　　　B. 与滤纸反应　　　C. 燃烧　　　　D. 产品发黄或分解

3. 生物碱在植物体内大多数的存在状态是

    A. 无机酸盐   B. 有机酸盐   C. 游离状态   D. 苷的形式

4. 咖啡因的杂环母核为

    A. 喹啉   B. 异喹啉   C. 吲哚   D. 嘌呤

5. 进行生物碱沉淀反应的一般条件是

    A. 有机溶剂   B. 中性水溶液   C. 酸性水溶液   D. 碱性水溶液

6. 应用蒸馏分离有机化合物的依据是

    A. 溶解度的差异   B. 密度的差异

    C. 化学性质的差异   D. 沸点的差异

7. 蒸馏低沸点易燃的有机液体时应采用的加热方式是

    A. 油浴   B. 水浴   C. 明火   D. 空气浴

8. 蒸馏时，物料最多为蒸馏烧瓶容积的

    A. 1/2   B. 1/3   C. 2/3   D. 3/4

9. 常压蒸馏乙醇时使用的冷凝管为

    A. 直形冷凝管   B. 球形冷凝管   C. 蛇形冷凝管   D. 空气冷凝管

10. 蒸馏时馏出液的速度是

    A. 越快越好   B. 无须控制

    C. 每秒 1 ~ 2 滴   D. 每分钟 5 ~ 6 滴

（三）简答题

1. 蒸馏时加沸石的作用是什么？蒸馏过程中若发现没加沸石怎么办？

2. 蒸馏操作结束时先关水后停止加热，还是先停止加热后关水？为什么？

3. 生物碱大多属于哪一类化合物？它具有哪些主要的化学性质？

（王　丽）

实验十五　糖类化合物的性质实验

一、实验目的

1. 熟悉糖类化合物的性质。
2. 掌握糖类化合物的鉴别方法。

二、实验原理

从结构上分析，糖类化合物是多羟基醛或多羟基酮及其脱水形成的缩合物。根据其能否水解及水解后生成单糖的数目，可分为单糖（如葡萄糖、果糖）、寡糖（如蔗糖、麦芽糖）、多糖（如淀粉、纤维素）；根据其是否具有还原性又可分为还原性糖和非还原性糖。单糖、麦芽糖和乳糖等糖的分子结构中有半缩醛（酮）羟基，它们能够还原费林试剂、托伦试剂、本内迪克特试剂，是还原性糖。蔗糖分子结构中不含有半缩醛（酮）羟基，是非还原性糖，故不与上述试剂反应。

鉴定糖类化合物可用莫利希（Molisch）试剂，其原理是在浓 H_2SO_4 条件下，糖类化合物与 α- 萘酚作用生成紫色环，从而可对糖类化合物进行定性鉴定。酮糖与盐酸反应生成的糠醛衍生物可与谢利瓦诺夫（Seliwanoff）试剂中的间苯二酚反应呈鲜红色，醛糖无此反应，因此该反应可以鉴别醛糖和酮糖。单糖可与过量苯肼反应，生成不溶于水的黄色二苯腙晶体——糖脎，根据糖脎的晶型、生成时间，可以鉴定各种糖。

淀粉和纤维素是多糖，它们没有还原性，但它们都能水解，水解产物具有还原性。淀粉遇碘生成蓝色物质，这是鉴定淀粉最简便的方法。

三、仪器和试剂

1. 仪器　试管、试管架、烧杯、温度计、酒精灯、显微镜、胶头滴管、试管夹、水浴锅。

2. 试剂　葡萄糖（$20\,g \cdot L^{-1}$）、果糖（$20\,g \cdot L^{-1}$）、蔗糖（$20\,g \cdot L^{-1}$）、麦芽糖（$20\,g \cdot L^{-1}$）、淀粉（$20\,g \cdot L^{-1}$）、浓 H_2SO_4、本内迪克特试剂、莫利希试剂、盐酸 - 苯肼溶液、谢利瓦诺夫试剂、碘水。

四、实验内容

1. 糖类与本内迪克特试剂的反应 取 5 支大试管，编号标记，各管中均加入 10 滴本内迪克特试剂，再于各管中分别加入 2 滴葡萄糖、果糖、麦芽糖、蔗糖、淀粉溶液，将各管置于沸水中加热 2 ~ 3 分钟，移出试管使其自然冷却，观察现象，记录并解释该现象。

2. 糖脎的生成 取 2 支大试管，编号标记，分别加入 10 滴葡萄糖和果糖溶液，再于各管中均加入 10 滴新配制的盐酸 - 苯肼溶液，充分振荡摇匀后置于沸水中加热 30 分钟。取出试管使其自然冷却，可观察到两试管中均有黄色结晶生成，分别取少许结晶于玻片上，在显微镜下观察两种结晶的晶型并记录。

3. 糖类的颜色反应

（1）莫利希实验：取 5 支大试管，编号标记，分别加入 10 滴葡萄糖、果糖、麦芽糖、蔗糖、淀粉溶液。再向各管中均加入 3 滴新配制的莫利希试剂，充分振荡摇匀。然后将每管倾斜，沿管壁徐徐注入 1 ml 浓 H_2SO_4（切勿振摇试管），使酸进入管底，此时浓硫酸在下层，试液在上层。分别观察各试管中两液层交界处的颜色并记录。

（2）谢利瓦诺夫实验：取 3 支大试管，编号标记，各管中均加入 10 滴谢利瓦诺夫试剂，然后各管分别加入 5 滴葡萄糖、果糖、蔗糖溶液，充分振荡摇匀，置于沸水中加热 2 分钟，比较各管出现红色的先后次序并记录。

4. 淀粉与碘水的作用 取 1 支大试管加入 10 滴淀粉溶液，再加入 1 滴碘水，摇匀后观察并记录现象。将该试管于酒精灯上直接加热，观察现象并记录。冷却后，观察又有何变化并记录。

五、实验注意事项

1. 在糖与本内迪克特试剂的实验中，不必理会溶液颜色的改变，必须有沉淀形成才算作阳性结果。

2. 实验前请确保试管洁净，否则将影响实验现象。

3. 在使用浓 H_2SO_4 时需特别注意安全。

六、思考题

（一）判断题

1. D- 葡萄糖的对映体为 L- 葡萄糖，后者存在于自然界中。

2. 同一种单糖的 α 型和 β 型是对映体。

3. 果糖是左旋的，因此它属于 L- 型。

4. D-(+)- 吡喃葡萄糖中的符号 "+" 代表能使平面偏振光加强。

5. 葡萄糖既可以被氧化，也可以被还原。

6. α-D- 葡萄糖与 α-D- 半乳糖结构相似，它们互为差向异构体。

7. 从热力学上讲，葡萄糖的船式构象比椅式构象更稳定。

8. 六碳醛糖多是吡喃型糖，而五碳糖多是呋喃型糖。

9. 糖原和淀粉一样是多糖，主要存在于植物细胞中。

10. 糖原、淀粉和纤维素分子中都有一个还原端，所以都有还原性。

（二）选择题

1. α-D- 吡喃葡萄糖与 β-D- 吡喃葡萄糖互为

　　A. 构象异构体　　　　　　　　　　B. 差向异构体

　　C. 顺反异构体　　　　　　　　　　D. 对映体

2. 下列化合物中不能与托伦试剂发生银镜反应的是

　　A. 果糖　　　　　　　　　　　　　B. 葡萄糖

　　C. 甘露糖　　　　　　　　　　　　D. 蔗糖

3. 下列试剂能与糖类化合物发生显色反应的是

　　A. $FeCl_3$　　　　　　　　　　　　B. 水合茚三酮

　　C. 莫利希试剂　　　　　　　　　　D. 稀 $CuSO_4/OH^-$ 溶液

4. 下列糖中既能发生水解反应，又有还原性和变旋光现象的是

　　A. 麦芽糖　　　　　　　　　　　　B. 甲基吡喃葡萄糖苷

　　C. 蔗糖　　　　　　　　　　　　　D. α-D- 呋喃果糖

5. 淀粉中连接葡萄糖的化学键是

　　A. 肽键　　　　　B. 氢键　　　　　C. 离子键　　　　D. 苷键

6. 下列二糖分子中含有 β-1,4- 苷键的是

A.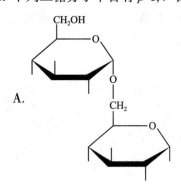

B.

C.

D.

7. 具有变旋光现象的葡萄糖衍生物是

    A. 葡萄糖酸   B. 葡萄糖二酸

    C. 葡萄糖醛酸   D. 甲基葡萄糖苷

8. 下列二糖不具有还原性的是

    A. 蔗糖   B. 乳糖   C. 麦芽糖   D. 纤维二糖

9. 对葡萄糖说法正确的是

    A. 环式结构的吡喃葡萄糖无还原性

    B. 两分子葡萄糖脱水后形成的双糖均为还原性双糖

    C. 葡萄糖的水溶液达到平衡时，β-D- 葡萄糖约占 64%，α-D- 葡萄糖约占 36%，

       是因为 β- 构型的构象较 α- 构型更稳定

    D. β-D- 吡喃葡萄糖在干 HCl 存在下可生成 α-D- 吡喃甲基葡萄糖苷和 β-D- 吡喃

       甲基葡萄糖苷

10. 下列糖与 D- 葡萄糖形成同一种糖脎的是

    A. D- 半乳糖   B. D- 果糖   C. D- 核糖   D. L- 葡萄糖

11. 有开链和环状互变的两种结构的葡萄糖衍生物是

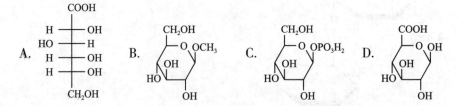

12. 关于下列结构式命名正确的是

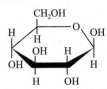

    A. α-D- 吡喃葡萄糖   B. α-D- 吡喃甘露糖

    C. β-D- 吡喃葡萄糖   D. β-D- 吡喃甘露糖

13. 果糖属于己酮糖，对于其结构的叙述，不正确的是

    A. 果糖与葡萄糖互为同分异构体

    B. 因为结构中是酮基，所以果糖不与托伦试剂反应

    C. 在游离态时，主要以六元环的结构存在

    D. 在结合态时，主要以五元环的结构存在

14. 糖原经酸性水解，得到的最终产物是

    A. 乳糖   B. 麦芽糖   C. 果糖   D. 葡萄糖

15. 葡萄糖是一种单糖的主要原因是

    A. 在糖类中其碳原子的数目最少   B. 不能再水解成更简单的糖

    C. 分子中只有一个醛基   D. 在糖类中其结构最简单

16. 下列说法中正确的是

    A. 凡符合通式 $C_n(H_2O)_m$ 的化合物一定属于糖类，不符合此通式的不属于糖类

    B. 凡能溶于水且具有甜味的化合物都属于糖类

    C. 葡萄糖是一种单糖的主要原因是它是一种多羟基醛

    D. 葡萄糖分子中含有醛基，它具有还原性

17. 与苯胺、苯酚、烯烃、葡萄糖都能反应并有明显现象的试剂是

    A. 费林试剂   B. Br_2/H_2O

    C. $FeCl_3$ D. 席夫（Schiff）试剂

18. 淀粉的基本组成单位为 D- 葡萄糖，它在直链淀粉中的主要连接方式为

    A. α-1,4- 苷键   B. β-1,4- 苷键

    C. α-1,6- 苷键   D. β-1,6- 苷键

19. 根据转化关系判断下列说法正确的是

$$(C_6H_{10}O_5)_n \xrightarrow{\text{①}} 葡萄糖 \longrightarrow 乙醇 \xrightarrow[\text{②}]{+乙酸} 乙酸乙酯$$

    A. $(C_6H_{10}O_5)_n$ 可以是淀粉或纤维素，二者均属于多糖，互为同分异构体

    B. 可以利用银镜反应证明反应①的最终产物为葡萄糖

C. 酸性高锰酸钾可将乙醇氧化为乙酸，将烧黑的铜丝趁热插入乙醇中也可得到乙酸

D. 在反应②得到的混合物中倒入饱和氢氧化钠溶液并分液可得到纯净的乙酸乙酯

20. 下列反应中能用于检验尿液中是否含有葡萄糖的是

    A. 加金属钠观察是否有气体放出

    B. 与新制氢氧化铜混合后加热，观察是否有砖红色沉淀生成

    C. 与乙酸和浓硫酸共热，观察是否有果香味物质生成

    D. 加入酸性高锰酸钾溶液观察溶液是否褪色

21. 下列实验能达到预期目的的是

    A. 取加热至亮棕色的纤维素水解液少许，滴入新制 $Cu(OH)_2$ 悬浊液，加热，证明水解产物为葡萄糖

    B. 利用 $FeCl_3$ 溶液鉴别苯酚和甲醇

    C. 利用能否与乙醇发生酯化反应鉴别乙酸和硝酸

    D. 向与唾液充分作用后的苹果中滴入碱性条件下的新制银氨溶液，水浴加热，鉴定淀粉是否完全水解

22. 有机化合物 X 能实现下列转化，下列判断一定错误的是

    有机化合物 X $\rightarrow$ $CH_2OH(CHOH)_4CHO$ $\rightarrow$ 有机化合物 Y $\rightarrow$ CH_3CHO

    A. 有机化合物 X 可以是淀粉或纤维素

    B. 有机化合物 Y 在浓硫酸、加热条件下一定发生消除反应

    C. 有机化合物 Y →乙醛的反应属于氧化反应

    D. 有机化合物 X 分子中可能含有醛基

23. 下列四种糖中，属于还原性糖的是

    ①葡萄糖　②蔗糖　③麦芽糖　④纤维素

    A. 只有①　　　　B. 只有①②　　　　C. 只有①③　　　　D. 只有②③④

24. 在一定条件下，既能发生氧化反应，又能发生还原反应的是

    ①乙醇　②乙醛　③乙酸　④葡萄糖

    A. 只有①②④　　B. 只有②　　　　C. 只有②④　　　　D. 只有③④

25. 下列糖中不能形成糖苷的是

    A. 蔗糖　　　　　B. 葡萄糖　　　　C. 果糖　　　　　D. 甘露糖

（三）简答题

1. 单糖衍生物 A，分子式为 $C_8H_{16}O_6$，没有变旋光现象，也不与费林试剂反应，在

酸性条件下水解得到 B、C 两种产物。B 分子式为 $C_6H_{12}O_6$，有变旋光现象和还原性，被溴水氧化得到甘露糖酸。C 分子式为 C_2H_6O，能与酸成酯。试写出 A 的结构及有关反应式。

2. 丙酮不具有还原性，不与费林试剂、托伦试剂、本内迪克特试剂反应，为什么酮糖（如果糖）却可与上述试剂反应并具有还原性？

（王　丽）

实验十六　对乙酰氨基酚的制备与定性鉴别

一、实验目的

1. 掌握选择性酰化的原理及操作方法。

2. 熟悉对乙酰氨基酚的鉴别原理及定性方法。

二、实验原理

对乙酰氨基酚（又称扑热息痛）为白色晶体，熔点 $168 \sim 170$ ℃，属于乙酰苯胺类解热镇痛药，国际非专有药名为 Paracetamol。临床上对乙酰氨基酚常用于缓解感冒引起的发热、头痛及关节痛、神经痛、偏头痛、痛经等轻度至中度疼痛，对乙酰氨基酚没有抗炎、抗风湿的作用。

对乙酰氨基酚是通过抑制环氧合酶，选择性抑制下丘脑体温调节中枢前列腺素的合成，导致外周血管扩张，促进出汗而达到解热的作用，其解热作用强度与阿司匹林相似。对乙酰氨基酚抑制前列腺素的合成和释放，可以提高痛阈而起到镇痛作用，属于外周性镇痛药，镇痛作用较阿司匹林弱，仅对轻、中度疼痛有效。

本实验选择对氨基苯酚与乙酸酐为原料在酸性介质中发生酰化反应，乙酸酐发生选择性 N- 酰化获得产物对乙酰氨基酚。反应式如下：

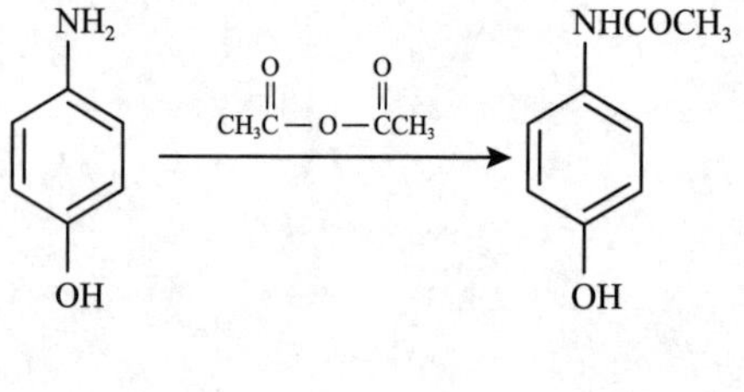

三、仪器和试剂

1. 仪器　天平、圆底烧瓶、冷凝管、油浴锅、水浴锅、锥形瓶、温度计、玻璃棒、磁力搅拌器、抽滤瓶、抽气泵、布氏漏斗、量筒。

2. 试剂　对氨基苯酚、$NaHSO_3$、乙酸酐、乙酸、锌粉、活性炭、$FeCl_3$（$0.1\ mol \cdot L^{-1}$）、稀盐酸、Na_2SO_3（$0.1\ mol \cdot L^{-1}$）、碱性萘酚。

四、实验内容

1. 对乙酰氨基酚的制备　取干燥 250 ml 圆底烧瓶一只，加入对氨基苯酚 12.50 g 与 37.50 ml 蒸馏水，混匀得到对氨基苯酚悬浮液。再加入乙酸酐 16.25 g，乙酸 22.00 g，少量锌粉，少量的 NaHSO₃，磁力搅拌器搅拌，130 ℃油浴中加热回流 3 小时。待反应物冷却，晶体完全析出后，用布氏漏斗进行抽滤，滤饼以 10 ml 冷水洗涤 2 次，抽干，干燥，获得的白色结晶为对乙酰氨基酚粗制品。取少量粗制品保留，用于鉴定。

2. 产品精制　取出对乙酰氨基酚粗制品称重，用玻璃棒转移至 100 ml 锥形瓶中。每 0.1 g 加入 1 ~ 1.5 ml 蒸馏水混匀，水浴加热至晶体完全溶解。待稍微冷却，在溶液中加入适量活性炭脱色，煮沸 5 分钟，趁热进行抽滤，滤液冷却后析出晶体。减压过滤，滤饼用少量蒸馏水洗涤 2 次，抽干，干燥获得白色晶体，称重，计算收率。

3. 定性鉴别

（1）称取粗制品 10 mg，加 1 ml 蒸馏水溶解，加入 FeCl₃ 试剂，即显蓝色。

（2）称取精制品 0.1 g，加 5 ml 稀盐酸，置水浴中加热 40 分钟，冷却后，取此溶液 0.5 ml，滴加 Na₂SO₃ 溶液 5 滴，摇匀。加入 3 ml 水稀释，加入碱性萘酚试剂 2 ml，振摇，即显红色。

五、注意事项

1. 制备原料对氨基苯酚对产物对乙酰氨基酚的产量、质量有较大的影响。对氨基苯酚为白色或淡黄色颗粒状结晶，熔点 183 ~ 184 ℃。制备前可以测定其熔点，以初步判断对氨基苯酚的纯度。

2. 酰化反应中，乙酸酐作为酰化剂，反应效果明显。一般不采用乙酸代替乙酸酐，否则反应难控制，产生氧化副反应，反应时间长，产品质量差。

3. 反应时加入一定量的 NaHSO₃，能够防止对乙酰氨基酚被空气氧化，但其浓度不宜过高，否则可因 NaHSO₃ 含量过高导致产品不纯。

六、思考题

简答题

1. 试比较乙酸、乙酸酐、乙酰氯三种乙酰化剂的优缺点。

2. 对乙酰氨基酚精制过程中选择水为溶剂有哪些必要条件？操作中应注意哪些问题？

3. 为什么对氨基苯酚乙酰化发生在氨基上而不是发生在羟基上？

4. 如何判断对氨基苯酚乙酰化反应是否发生？

（张奇龙）

实验十七　牛奶中酪蛋白和乳糖的分离

一、实验目的

1. 掌握牛奶中分离酪蛋白的原理和方法。

2. 熟悉牛奶中分离乳糖的原理和方法。

3. 掌握蛋白质、糖类的化学性质。

二、实验原理

牛奶是由水、脂肪、蛋白质、乳糖等组成的乳状液，牛奶中的蛋白质有 β- 乳球蛋白、γ- 乳清蛋白、乳清蛋白和酪蛋白。牛奶中最主要的蛋白质是酪蛋白，含量约为 $35\ g \cdot L^{-1}$。酪蛋白在牛奶中是以酪蛋白酸钙 - 磷酸钙复合体胶粒的形式存在的，胶粒直径为 $20 \sim 800\ nm$，平均直径为 $100\ nm$。

蛋白质是两性化合物，当蛋白质溶液 pH 为等电点时，蛋白质所带正、负电荷相等，溶液呈电中性。本实验通过在牛奶中加酸调节溶液的 pH，当达到酪蛋白等电点 pH=4.7 时，酪蛋白的溶解度最小，从牛奶中沉淀出来，分离酪蛋白，加工后可制得干酪或干酪素。酪蛋白不溶于乙醇和乙醚，利用这两种溶剂能够除去酪蛋白中的脂肪。

脱脂乳中除去酪蛋白后剩下的液体为乳清，在乳清中含有乳清蛋白和乳球蛋白，还有溶解状态的乳糖，牛奶中的糖类中乳糖占 99.8% 以上。哺乳动物通过乳腺能够合成乳糖。乳糖是婴儿成长过程中大脑和神经组织发育所需的物质。乳糖是二糖，由一分子 β-D- 半乳糖的半缩醛羟基与另一分子葡萄糖通过 β-1,4- 苷键结合而成。乳糖不溶于乙醇，乙醇加入乳糖水溶液中，乳糖可以结晶出来，通过浓缩、结晶的方法就能分离乳糖。

三、仪器和试剂

1. **仪器**　恒温水浴锅、抽滤瓶、布氏漏斗、蒸发皿、500 ml 烧杯、100 ml 烧杯、表面皿、天平、玻璃棒、锥形瓶。

2. **试剂**　乙酸溶液（10%）、乙醇（95%）、乙醚、奶粉、精密 pH 试纸（pH=3 ~ 5）、

碳酸钙、滤纸、$CuSO_4$ 溶液（1%）、NaOH 溶液（10%）、茚三酮溶液、苯肼溶液、浓硝酸、沸石、活性炭。

四、实验内容

1. 酪蛋白的分离 称取 6 g 奶粉于 100 ml 烧杯中，加入 20 ml 温水溶解。置于恒温水浴锅中加热至 45 ℃，搅拌的同时慢慢滴加 10% 乙酸溶液，加入乙酸的过程中，使用 pH 试纸不断测量牛奶的 pH，调节至 pH=4.6。放置冷却、澄清后进行抽滤。注意先将上层清液滤出一部分，再将沉淀倾入漏斗中进行抽滤，得到沉淀。收集抽滤得到的滤液，滤液中加入少量粉状碳酸钙留作乳糖的分离。

用蒸馏水洗涤沉淀 2 次，离心 10 分钟（3500 r · min^{-1}）。弃去上清液，沉淀中加入 30 ml 乙醇。搅拌片刻，再将得到的悬浊液全部转移至布氏漏斗中进行抽滤。抽滤后，使用 1 ∶ 1 的乙醇-乙醚混合液洗涤，获得沉淀。再用乙醚洗涤沉淀 2 次，洗涤时用玻璃棒捣碎成团的固体滤饼，进行反复吹洗，以确保脂肪被完全清洗干净。抽滤后得到白色沉淀。将抽滤获得的沉淀用玻璃棒铺开，置于表面皿上，风干后即得酪蛋白纯品。准确称重，计算含量和收率。

$$酪蛋白含量（g/100 \ ml \ 奶粉液）= 测得含量 / 理论含量 \times 100 \ ml$$

式中理论含量为 2.5 g/100 ml 奶粉液。

2. 酪蛋白的鉴定 酪蛋白分离后，立即取少量酪蛋白颗粒于小试管中，加 10 ml 水溶解备用。

取酪蛋白溶液 3 ml，滴加茚三酮溶液 2 滴，振荡，放入水浴锅中沸水加热 2 分钟，溶液呈淡紫色。

取 3 ml 酪蛋白溶液，加入 10% NaOH 溶液 5 滴，再滴加 1% $CuSO_4$ 溶液 5 滴。振荡试管，溶液呈蓝紫色。

取 3 ml 酪蛋白溶液，加入浓硝酸 0.5 ml 后加热，有黄色沉淀生成。再加 10% NaOH 溶液 1 ml，沉淀为橘黄色。

3. 乳糖的分离 取酪蛋白的分离实验中已加入碳酸钙留作乳糖的分离用的混合物，转移至烧杯中，搅拌均匀后加热至沸腾。趁热将得到的固液混合物用布氏漏斗进行抽滤，以除去沉淀中的蛋白质和残余碳酸钙。

将滤液转移至蒸发皿中，加入 1 ~ 2 粒沸石，加热浓缩至 3 ~ 5 ml，趁热在浓缩滤液中加入 95% 乙醇 10 ml 和少量活性炭，搅拌均匀后在水浴上加热至沸腾，趁热过滤，滤液必须澄清。把滤液移至锥形瓶中，加塞放置过夜，让乳糖充分结晶析出。再次抽滤结晶后的滤液，分离得到乳糖晶体。使用 95% 冷乙醇洗涤产物，干燥后称重。

4. 乳糖成脎试验　取自制乳糖溶于少量水中，浓度约为 5%，在试管中加入 1 ml 乳糖溶液，1 ml 苯肼试剂摇匀，沸水浴加热，并不时振摇，加热 10 ～ 15 分钟后，取出放置冷却，乳糖生成糖脎成结晶析出。取少量乳糖脎在显微镜下观察其晶型。

五、实验注意事项

1. 茚三酮溶液的配制　1 g 茚三酮溶于 35 ml 热水，加氯化亚锡 0.04 g，过滤后于暗处放置 24 小时，定容至 100 ml 后使用。

2. 牛奶中脂肪的含量约为 3.9%，在分离酪蛋白的沉淀过程中，脂肪会随着蛋白一起沉淀出来。乙醚洗涤酪蛋白时需要尽量把脂肪洗涤干净。纯净的酪蛋白应为白色，如脂肪未洗净，酪蛋白放置一段时间会焦化变黄。

3. 乳糖分离时，加入 $CaCO_3$ 是为了中和溶液的酸性，避免乳糖在酸性条件下发生水解，使乳清蛋白沉淀，且影响收率。

六、思考题

简答题

1. 为什么乙醚洗涤分离出来的酪蛋白需要反复吹洗？
2. 乳糖分离时，加入 $CaCO_3$ 有什么作用？

（肖　竦）

实验十八　有机化学实验综合技能考核

有机化学实验综合技能需要运用理论课程中学习的有机化学知识和实验课程中学习的实验技术，通过文献查阅，把实验内容和理论知识的学习有机结合在一起，完成实验线路和方案的设计。综合实验技能练习，能够培养学生查阅文献、独立思考、灵活运用理论知识解决问题的综合素质和能力。

一、有机化合物的鉴别

有机化合物的鉴别的两个要求：①反应操作简便；②反应现象明显。如有气体放出、沉淀生成、出现浑浊、溶解、不溶解、分层、颜色变化等现象出现。鉴别过程中注意先后顺序，一般性质活泼、具有特征反应、容易产生干扰的几类化合物优先检出，再进行分组，根据化合物的特性进行鉴别。

（一）示例

用简单化学方法鉴别戊 -2- 炔、戊 -1- 炔、2- 甲基戊烷。

参考答案：

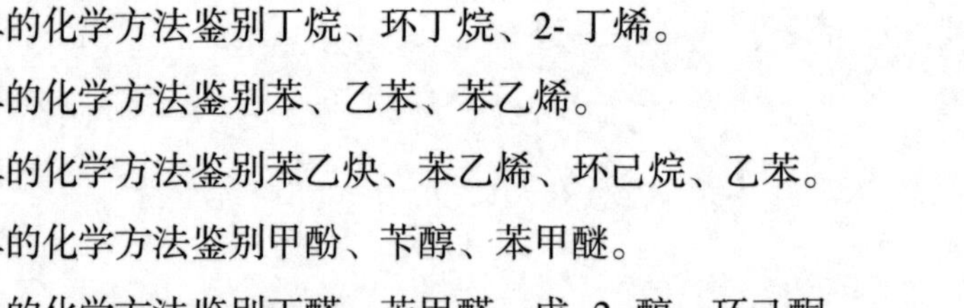

（二）测试练习

1. 用简单的化学方法鉴别丁烷、环丁烷、2- 丁烯。
2. 用简单的化学方法鉴别苯、乙苯、苯乙烯。
3. 用简单的化学方法鉴别苯乙炔、苯乙烯、环己烷、乙苯。
4. 用简单的化学方法鉴别甲酚、苄醇、苯甲醚。
5. 用简单的化学方法鉴别丁醛、苯甲醛、戊 -2- 醇、环己酮。
6. 用简单的化学方法鉴别丙醛、丙酮、丙醇、异丙醇。
7. 用简单的化学方法鉴别甲酸、乙酸、丙醛。

8. 用简单的化学方法鉴别苯甲酸、苄醇、苯酚。

9. 用简单的化学方法鉴别苯胺、苯酚、苯甲酸、甲苯。

10. 用简单的化学方法鉴别葡萄糖、果糖、蔗糖、淀粉。

二、未知有机化合物的推测

未知有机化合物的推测要以化合物官能团的性质为核心，运用有机反应与生成物之间的转化关系推导出各种化合物。

（一）示例

有 A 和 B 两个化合物，它们互为构造异构体，都能使溴的四氯化碳溶液褪色。A 与 $Ag(NH_3)_2NO_3$ 反应生成白色沉淀，用酸性 $KMnO_4$ 溶液氧化生成丙酸（CH_3CH_2COOH）和二氧化碳；B 不与 $Ag(NH_3)_2NO_3$ 反应，而用酸性 $KMnO_4$ 溶液氧化只生成一种羧酸。试写出 A 和 B 的构造式及反应方程式。

参考答案：化合物 A 为 $CH_3CH_2C\equiv CH$；化合物 B 为 $CH_3C\equiv CCH_3$。

A、B 发生的反应分别为：

（1）$CH_3CH_2C\equiv CH \xrightarrow{Ag(NH_3)_2NO_3} CH_3CH_2C\equiv CAg$

（2）$CH_3CH_2C\equiv CH \xrightarrow{KMnO_4/H^+} CH_3CH_2COOH + CO_2$

（3）$CH_3C\equiv CCH_3 \xrightarrow{KMnO_4/H^+} CH_3COOH$

（二）测试练习

1. 有四种化合物 A、B、C、D，分子式均为 C_5H_8，它们都能使溴的四氯化碳溶液褪色。A 能与硝酸银氨溶液作用生成沉淀，B、C、D 则不能。使用酸性 $KMnO_4$ 溶液加热氧化时，由 A 得到 CO_2 和 $CH_3CH_2CH_2COOH$；由 B 得到乙酸和丙酸；由 C 得到戊二酸；由 D 得到丙二酸和 CO_2。试写出 A、B、C、D 的结构式。

2. 两种烯烃 A 和 B，经催化加氢均得到烷烃 C。A 与臭氧作用后在锌粉存在下水解得到 CH_3CHO 和 $(CH_3)_2CHCHO$；B 在同样条件下反应得到 CH_3CH_2CHO 和 CH_3COCH_3。请写出 A、B、C 的构造式。

3. 分子式为 C_9H_{12} 的化合物有三种异构体 A、B、C，经酸性 $KMnO_4$ 氧化，A 生成一元羧酸，B 生成二元羧酸，C 生成三元羧酸。A、B、C 进行硝化反应，A 和 B 能生成 2 种一硝基化合物，而 C 只生成 1 种一硝基化合物。试推测化合物 A、B、C 的结构式。

4. 某化合物 A（$C_{10}H_{14}$）有 5 种可能的一溴衍生物（$C_{10}H_{13}Br$）。A 经 $KMnO_4$ 酸性溶液氧化生成酸性化合物（$C_8H_6O_4$），经硝化反应只生成 1 种一硝基取代产物 $C_8H_5O_4NO_2$。请推测 A 的结构式。

5. 化合物 A（$C_5H_{12}O$）具有旋光异构体，它依次与 HBr、KOH 的醇溶液作用后，可分离出两种异构体 B 与 C。试写出 A 的两种异构体及 B 与 C 的构型，并加以命名。

6. 分子式为 A（C_5H_9Br）的溴代烃具有旋光性，A 能与 Br_2/CCl_4 反应。A 与酸性高锰酸钾作用放出二氧化碳，生成具有旋光性的化合物 B（$C_4H_7O_2Br$）；A 与氢反应生成无旋光性的化合物 C（$C_5H_{11}Br$）。试写出 A、B 和 C 的结构式。

7. 化合物 A、B、C 分子式均为 C_4H_8O。A、B 可以和盐酸苯肼反应产生沉淀而 C 不能；B 可以与费林试剂反应而 A、C 不能；A、C 能发生碘仿反应而 B 不能。试推导出 A、B、C 的结构式。

8. 某化合物 A 分子式为 $C_5H_{10}O$，能与 2,4- 二硝基苯肼反应，也能发生碘仿反应。A 催化氢化后的化合物为 B（$C_5H_{12}O$）。B 与浓硫酸共热的主要产物为 C（C_5H_{10}），化合物 C 没有顺反异构现象。试推测 A、B、C 的结构式。

9. 分子式为 $C_8H_{14}O$ 的化合物 A 既可以使溴水褪色，也可与苯肼反应生成苯腙。A 经氧化生成 1 分子丙酮和另一化合物 B，B 具有酸性且能与碘的 NaOH 溶液反应生成 1 分子碘仿和 1 分子丁二酸二钠。试推测化合物 A 和 B 的结构式。

10. 碱性物质 A（C_7H_9N）与乙酰氯反应生成 B（$C_9H_{11}NO$）。A 与亚硝酸钠的盐酸溶液作用生成不溶于水和酸的黄色固体物质 C。试写出 A、B、C 的结构式。

11. 化合物 A、B 的分子式均为 $C_4H_6O_4$。它们均可溶于氢氧化钠溶液，与碳酸钠作用放出 CO_2。A 加热失水成酸酐 $C_4H_4O_3$；B 加热放出 CO_2，并生成 3 个碳的酸。试写出 A、B 的结构式。

12. 化合物 A（C_6H_{12}）与 Br_2 / CCl_4 作用生成化合物 B（$C_6H_{12}Br_2$），B 与 KOH 的醇溶液作用得到 C 和 D（C_6H_{10}），C 和 D 互为异构体。在 $KMnO_4/H^+$ 条件下，氧化 A 和 C 可以得到同一种酸 E（$C_3H_6O_2$），而 D 氧化后的产物为 2 分子的 CH_3COOH 和 1 分子 HOOC—COOH。试写出 A、B、C、D、E 的结构式。

（肖　竦）

实验十九　有机化学综合考核

　　有机化学是一门研究物质的组成、结构、性质及其变化规律的学科，扎实的理论基础可以更好地指导实验学习，通过实验课程中的实践操作练习，能更好地理解掌握理论知识，使实验和理论的学习能相互促进。有机化学综合考核内容涵盖了有机化学的基本概念与基本理论、各类化合物的基本性质与鉴别、未知化合物的推断。有机化学综合考核通过选择题、完成反应方程式、化学方法鉴别化合物、物质结构推断等方式测试实验和理论融合的知识内容，以便让学生更好地掌握并运用有机化学知识，提高分析、解决问题的能力。

一、单项选择题

1. 有机化合物的结构特点之一就是多数有机化合物都以

　　A. 配价键结合　　　　　　　　　B. 共价键结合

　　C. 离子键结合　　　　　　　　　D. 氢键结合

2. 关于胡萝卜素的分子，说法正确的是

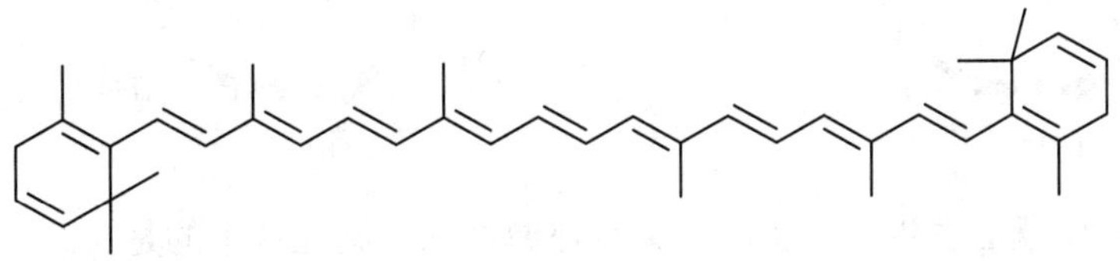

　　A. 它含有 13 个共轭双键　　　　B. 它含有 42 个碳原子

　　C. 它含有 11 个共轭双键　　　　D. 它含有 2 个杂环结构

3. 下列化合物的酸性强弱顺序错误的是

　　A. $H_2O > CH_3CH_2CH_2OH$

　　B. $CH_3CH_2CH_2OH > (CH_3)_3COH$

　　C. $H_2CO_3 > C_6H_5OH$

　　D. $H_2CO_3 > CH_3CH_2CH_2COOH$

4. 完成下列反应，可选用的试剂是

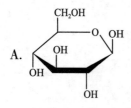

A. 费林试剂　　　　　　　　　　　　B. I$_2$，NaOH

C. LiAlH$_4$，CH$_3$CH$_2$OCH$_2$CH$_3$　　　D. 柯林斯试剂

5. 下列化合物中，沸点最高的是

　A. 丙醛　　　　　B. 丙醇　　　　　C. 亮氨酸　　　　　D. 丙酸

6. 受热易发生脱羧反应的二元酸是

A.
HOOC ─ CH(CH$_3$) ─ CH$_2$ ─ COOH

B.
HOOC ─ CH$_2$ ─ CH$_2$ ─ COOH

C.
HOOC ─ CH ═ CH ─ COOH

D.
邻苯二甲酸（苯环上两个相邻 COOH）

7. α-D-(+)- 吡喃葡萄糖的结构是

A.　　　　　　B.　　　　　　C.　　　　　　D.

8. 下列糖中既能发生水解反应，又有还原性和变旋光现象的是

A. 淀粉　　　　　　　　　　　　B. 蔗糖

C. 甲基吡喃葡萄糖苷　　　　　　D. 麦芽糖

9. 可作为重金属解毒剂的是

A. 乙硫醇　　　　　　　　　　　B. 二乙基硫醚

C. 甘油　　　　　　　　　　　　D. 2,3- 二氢硫基丙 -1- 醇

10. 甲酸俗名蚁酸，下列有关甲酸的描述不正确的是

A. 甲酸中的羰基与苯肼加成可生成相应的苯腙

B. 甲酸具有还原性，可被托伦试剂氧化

C. 在饱和的一元脂肪酸中，甲酸的酸性最强

D. 甲醇在人体内氧化首先生成甲醛，进一步氧化得甲酸，甲酸潴留血中可导致酸中毒，严重时可以致命

11. 下列化合物与饱和亚硫酸氢钠反应最慢的是

A. 苯乙酮　　　　B. 环戊酮　　　　C. 己醛　　　　D. 二苯酮

12. 下列化合物分子中同时含有伯、仲、叔、季碳原子的是

A. 3- 甲基戊烷　　　　　　　　B. 2- 甲基丁烷

C. 2,2- 二甲基丁烷　　　　　　D. 2,2,4- 三甲基戊烷

13. 下列化合物中能发生碘仿反应的是

A. 己醛　　　　B. 2- 己酮　　　　C. 环己酮　　　　D. 3- 己酮

14. 下列结构中，属半缩醛结构的是

A. 　　　　　　B.

C. 　　　　　　D.

15. 在芳香烃的亲电取代反应中属于间位定位基的是

A. —OCH₂CH₃　　B. —CN　　C. —NHCH₃　　D. —OH

16. β- 丁酮酸、β- 羟基丁酸和丙酮在医学上总称为"酮体"，下列说法错误的是

A. β- 羟基丁酸也可以命名为 3- 羟基丁酸

B. 酮体是脂肪酸在体内不能完全氧化成 CO_2 时的中间产物

C. β- 丁酮酸比 β- 羟基丁酸的酸性强

D. 从结构上，β- 丁酮酸和 β- 羟基丁酸属于羧酸衍生物，而不是取代羧酸

17. 下列碳正离子中，最稳定的是

A. $CH_3\overset{+}{C}HCH_2CH_3$　　　　　　B. $CH_3CH_2CH_2\overset{+}{C}H_2$

C. $(CH_3)_2\overset{+}{C}CH_3$　　　　　　D. $\overset{+}{C}H_3$

18. 下列二糖不具有还原性的是

A. 乳糖　　　　B. 蔗糖　　　　C. 麦芽糖　　　　D. 纤维二糖

19. 鉴定氨基酸常用的试剂是

A. 席夫试剂　　B. 托伦试剂　　C. 茚三酮溶液　　D. 莫利希试剂

20. 下列构型中所示化合物反式的优势构象是

A. C(CH₃)₃ CH₃

B. (H₃C)₃C CH₃

C. (H₃C)₃C CH₃

D. CH₃ C(CH₃)₃

21. 异麦芽二糖的结构式如下，其苷键为

HOH₂C O H₂C O OH
HO HO HO
HO OH HO OH

A. α-1,4　　　　B. α-1,6　　　　C. β-1,4　　　　D. β-1,6

22. 化合物（1）和（2）互为

(1)
CHO
HO——OH
——OH
——OH
CH₂OH

(2)
CHO
HO——
HO——
——OH
——OH
CH₂OH

A. 对映体　　　　　　　　　　B. 差向异构体
C. 顺反异构体　　　　　　　　D. 互变异构体

23. L- 多巴是一种有机化合物，它可用于帕金森综合征的治疗，其结构简式如下。下列关于 L- 多巴酸碱性的叙述不正确的是

HO
HO——〈 〉——CH₂CHCOOH
　　　　　　　|
　　　　　　　NH₂

A. 属于 α- 氨基酸，既具有酸性，又具有碱性

B. 遇 FeCl₃ 溶液显紫色

C. 可两分子间缩合形成分子式为 $C_{18}H_{18}O_6N_2$ 的化合物，该化合物中有 3 个六元环

D. 它既与酸反应又与碱反应，等物质的量的 L- 多巴最多消耗 NaOH 与 HCl 物质的量之比为 1：1

24. 下列化合物：a（丙醛）、b（苯乙醛）、c（己酮）、d（苯乙酮），其亲核加成活性由高到低排列为

A. acbd　　　　　B. abdc　　　　　C. abcd　　　　　D. cdab

25. 下列化合物能与费林试剂反应的是

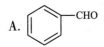

A. <benzene>CHO

B. <benzene>CH₂CH₂CHO

C. $CH_3CH_2-\overset{O}{\overset{\|}{C}}-CH_2CH_3$

D. （环己酮结构）

26. 同分异构体之间的共同特点是

    A. 具有完全相同的化学性质   B. 具有相同的分子式

    C. 具有相同的官能团   D. 具有相同的结构式

27. 关于组成蛋白质的 α- 氨基酸，下列叙述正确的是

    A. 天然氨基酸均为 L- 构型（除甘氨酸外），按 R/S 命名，均为 S- 构型

    B. 氨基酸是以两性离子形式存在，因此氨基酸晶体分解温度较高

    C. 氨基酸以两性离子存在时溶液的 pH 称为等电点

    D. 中性氨基酸的纯水溶液的 pH 为 7

28. 下列苯和取代苯发生硝化反应，由难到易的顺序为

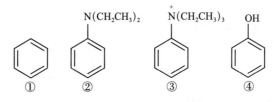

    A. ①④②③   B. ③①④②   C. ③②④①   D. ②④①③

29. 青蒿酸是从青蒿素中提取的酸性物质，结构式如下所示，其分子中手性原子的个数为

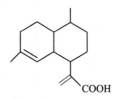

    A. 2   B. 3   C. 4   D. 5

30. 下列化合物有顺反异构体的是

    A. $CH_3CH=CHCH_2CH_3$ B. $CH_3CH_2CH=C(CH_3)_2$

    C. $CH_3CH=CCl_2$ D. $CH_3CH_2CH=C(CH_2CH_3)_2$

31. 在稀碱液中能发生醇醛缩合反应的是

    A. 甲醛   B. 苯甲醛   C. 乙醛   D. 苯乙酮

32. 芳香环取代反应中，最强的邻对位定位基是

    A. —NO$_2$ B. —COOH   C. —OCH$_3$ D. —Cl

33. 下面 6 个含氮的有机化合物，按照碱性由强到弱顺序为

    ①吡咯 ②吡啶 ③苯胺 ④苄胺 ⑤二乙胺 ⑥氢氧化四乙铵

    A. ⑤④②③①⑥   B. ⑥⑤④③①②

    C. ⑤④②⑥③①   D. ⑥⑤④②③①

34. 具有对映异构，且能在少量氢氧化钠存在下与硫酸铜反应生成深蓝色沉淀的是

    A. 丙 -1,2- 二醇   B. 丙 -1,3- 二醇

    C. 丙三醇   D. 丁 -1,3- 二醇

35. 下列烯烃被高锰酸钾的酸性溶液氧化后，其氧化产物能与苯肼试剂反应，有苯腙沉淀生成的是

    A. CH$_3$CH$_2$CH = CHCH$_2$CH$_3$ B. CH$_3$CH$_2$CH = CH$_2$

    C.（CH$_3$）$_2$C = CHCH$_2$CH$_3$ D.（CH$_3$）$_2$CHCH = CHCH$_2$CH$_3$

36. 分子式为 C$_7$H$_{16}$ 的化合物同分异构体有

    A. 3 种   B. 5 种   C. 7 种   D. 9 种

37. 光照下，烷烃的卤代反应机理是

    A. 通过碳正离子   B. 通过碳负离子

    C. 通过自由基   D. 无中间体

38. 下列环烷烃中开环加氢最易的是

    A. 环丙烷   B. 环丁烷   C. 环戊烷   D. 环己烷

39. [HOCH$_2$CH$_2$N$^+$（CH$_3$）$_3$] OH$^-$ 属于

    A. 脂肪胺   B. 芳香胺   C. 季铵盐   D. 季铵碱

40. 分别向下列物质中同时加入卢卡斯试剂，最先出现浑浊的是

    A. 丁 -1- 醇   B. 2- 甲基丙 -1- 醇

    C. 丁 -2- 醇   D. 2- 甲基丙 -2- 醇

41. 既能发生碘仿反应，又能在稀碱液中发生醇醛缩合反应的是

    A. 乙醛   B. 丙酮   C. 乙醇   D. 丙醛

42. 蛋白质中的肽键是指

    A. 酯键   B. 离子键   C. 氢键   D. 酰胺键

43. 谷氨酸（pI=3.22）溶于水后，主要离子存在形式和在电场中移动的方向分别是

    A. 阳离子；正极   B. 阳离子；负极

    C. 阴离子；正极   D. 阴离子；负极

44. 医学上，称为"血糖"的是

    A. 麦芽糖   B. 蔗糖   C. 葡萄糖   D. 淀粉

45. α-羟基丁二酸俗称苹果酸，下列叙述中不正确的是

    A. 苹果酸具有旋光活性

    B. 苹果酸氧化可得到草酰乙酸

    C. 苹果酸的酸性较丁二酸强

    D. 苹果酸属 α-羟基酸，受热脱水生成交酯

46. 下列有关乙酰水杨酸的制备中，叙述错误的是

    A. 可以用乙酰氯代替乙酸酐作酰化剂

    B. 反应中需要加入几滴浓硫酸或磷酸

    C. 制备时锥形瓶必须干燥

    D. 反应后加入 $FeCl_3$ 显紫色，说明生成了乙酰水杨酸

47. 果糖属于己酮糖，对于其结构的叙述不正确的是

    A. 果糖与葡萄糖互为同分异构体

    B. 因为结构中是酮基，所以果糖不与托伦试剂反应

    C. 在游离态时，主要以六元环的结构存在

    D. 在结合态时，主要以五元环的结构存在

48. 具有解热镇痛作用的"对乙酰氨基酚"结构如下，下列说法正确的是

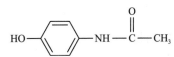

    A. 它与对氨基苯酚相比，引入了乙酰基，使其毒性降低，脂溶性增加

    B. 它的饱和水溶液的 pH 一定大于 7

    C. 它的官能团主要有酚羟基、氨基和羰基

    D. 它的官能团主要有酚羟基和酮基

49. 下列化合物酰化活性最大的是

    A. 丙酰氯   B. 丙酸酐   C. 丙酰胺   D. 丙酸丙酯

50. 3-庚酮可以发生的反应有

    A. 碘仿反应   B. 银镜反应

    C. 与 HCN 的加成反应   D. 与 2,4-二硝基苯肼生成沉淀

51. 可区别葡萄糖和果糖的试剂是

    A. 托伦试剂   B. 本内迪克特试剂

    C. 溴水   D. 苯肼试剂

52. 喹碘方（安痢生）是治疗阿米巴痢疾一种药物，其分子结构如下图，在分子中含有的杂环结构是

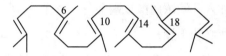

A. 吡啶　　　　B. 异喹啉　　　　C. 嘌呤　　　　D. 喹啉

53. 角鲨烯占鱼肝油的 90% 以上，在人皮肤的油中占 1/4 以上。标号 6、10、14、18 处 C＝C 的 *Z/E* 构型是

A. *ZZEE*　　　　B. *EEEE*　　　　C. *ZZZZ*　　　　D. *EEZZ*

54. 下列化合物中，绝对构型为 *S* 的是

A.
B.
C.
D.

55. 下列化合物是内消旋体的是

A.
B.
C.
D.

56. 在乙酰水杨酸的制备中，反应容器锥形瓶必须干燥，其最主要的原因是

A. 水杨酸会溶解在水中　　　　B. 浓 H_2SO_4 会被稀释

C. 乙酸酐遇水会分解　　　　D. 产品乙酰水杨酸会溶解在水中

57. 下列实验操作不合理的是

A. 2,4- 戊二酮遇到 $FeCl_3$ 溶液也能显紫色，这是由于酮式与烯醇式之间的互变平衡引起的

    B. 利用 $FeCl_3$ 溶液鉴别苯酚和甲醇

    C. 伯醇与卢卡斯试剂反应会立即呈现浑浊

    D. 乙酸与异戊醇共热，可以生成有特殊气味的酯类化合物

二、多项选择题

58. 在进行减压过滤（抽滤）操作时，需要用到的仪器是

    A. 普通玻璃漏斗   B. 布氏漏斗

    C. 锥形瓶   D. 抽滤瓶

59. 下列关于柱色谱，说法正确的是

    A. 色谱体系包括两个相，一个是固定相，一个是流动相

    B. 它是纯化和分离有机化合物的一种常用方法

    C. 吸附柱色谱的吸附剂固定相，只能干法装柱

    D. 装柱时，固定相应当装得松散些，使固定相颗粒间保留大的空隙

60. 下列糖与 D- 葡萄糖形成同一种糖脒的是

    A. D- 半乳糖   B. D- 果糖   C. D- 甘露糖   D. L- 葡萄糖

61. 下列化合物中不能与乙酐发生酰化反应的是

    A. *N*- 甲基 -*N*- 乙基苯胺   B. 水杨酸

    C. *N,N*- 二甲基苯胺   D. 苯胺

62. 能使高锰酸钾酸性溶液紫红色褪色的化合物是

    A. 叔丁醇   B. 丁酸   C. 丁 -2- 醇   D. 苯乙醇

63. 鉴别苯酚和苯甲酸可以选用的试剂是

    A. $FeCl_3$ 溶液   B. $NaHCO_3$ 溶液

    C. NaOH 溶液   D. 溴水

三、完成下列反应方程式

1.

2. $2CH_3CH_2CHO \xrightarrow{\text{稀 } OH^-}$

3.

4.

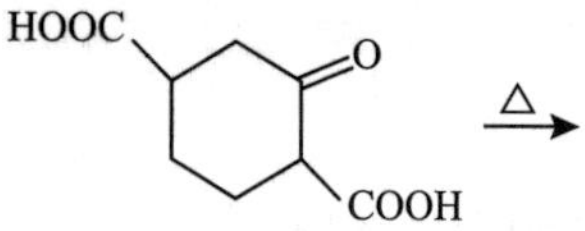

$$\xrightarrow{\triangle}$$

5. $CH_3COOH + CH_3CH_2CH_2OH \xrightarrow{H^+}$

6.

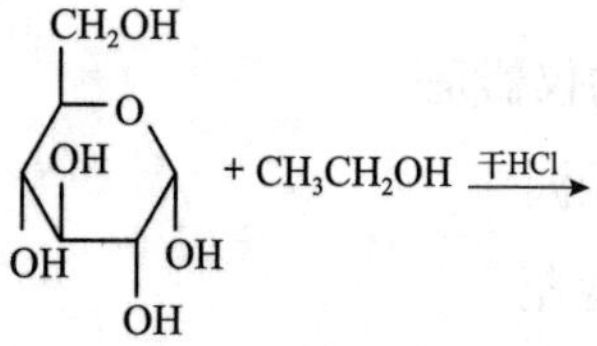

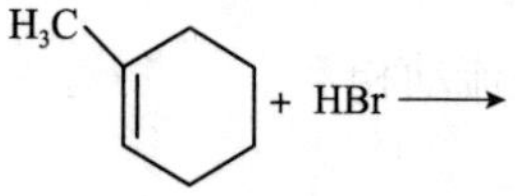

$+ CH_3CH_2OH \xrightarrow{\text{干 HCl}}$

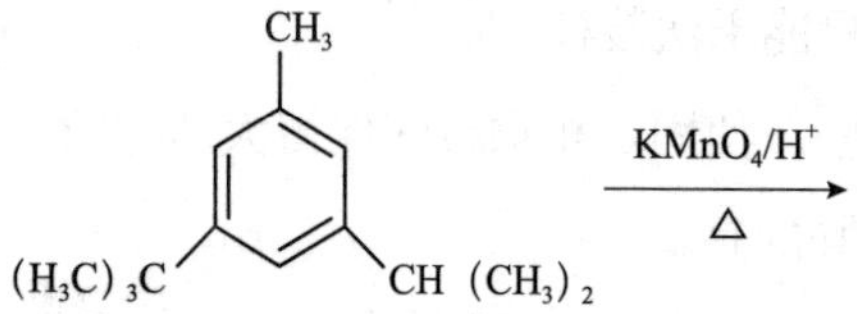

7.

$+ HBr \longrightarrow$

8.

$$\xrightarrow[\triangle]{KMnO_4/H^+}$$

9.

$+ (浓) H_2SO_4 \xrightarrow{\triangle}$

10.

$$\xrightarrow[\text{2. } H_3O^+]{\text{1. 乙醚}}$$

四、用化学方法鉴别下列各组化合物

1. 苯甲醛、苯乙醛、丙酮

2. 葡萄糖、蔗糖、淀粉

3. 甲胺、甲乙胺、三甲胺

4. 苯乙酸、苯甲醇、苯酚

五、推断题

1. 分子式为 $C_6H_{14}O$ 的化合物 A，氧化后得到化合物 B（$C_6H_{12}O$）。B 能与 2,4- 二硝基苯肼反应得到黄色结晶，也可发生碘仿反应。A 与浓硫酸共热得到 C（C_6H_{12}），C 经酸性高锰酸钾溶液氧化得到乙酸和丁 -2- 酮。试推导出 A、B、C 的结构式。

2. 旋光性物质 A（$C_5H_{10}O_3$）与 $NaHCO_3$ 作用放出 CO_2，A 经加热后脱水生成 B。B 存在两种构型，但无光学活性，将 B 用 $KMnO_4$ 处理可得乙酸和 C。C 能与托伦试剂作用产生银镜反应，C 还能发生碘仿反应。试推导出 A、B、C 的结构式。

（杨先炯）

主要参考文献

［1］赵骏，杨武德．有机化学实验．北京：中国医药科技出版社，2015.

［2］陆涛，陈继俊．有机化学实验与指导．2版．北京：中国医药科技出版社，2014.

［3］赵斌．有机化学实验．2版．青岛：中国海洋大学出版社，2014.

［4］肖玉梅．有机化学实验．北京：化学工业出版社，2018.

［5］孙尔康．有机化学实验．南京：南京大学出版社，2018.

［6］陈丽华．基础化学实验教程．北京：化学工业出版社，2018.

［7］曾昭琼．有机化学实验．北京：高等教育出版社，2000.

［8］罗美明．有机化学．北京：高等教育出版社，2020.

［9］魏祖期，李雪华．基础化学实验．3版．北京：人民卫生出版社，2016.

［10］唐向阳，余莉萍．基础化学实验教程．4版．北京：科学出版社，2015.

［11］牛丽颖．基础化学实验教程．北京：中国医药科技出版社，2017.

［12］李厚金，石建新，邹小勇．基础化学实验．2版．北京：科学出版社，2018.

［13］何树华，朱晔，张向阳．有机化学实验．2版．武汉：华中科学技术大学出版社，2021.

［14］傅玉琴．有机化学实验．北京：化学工业出版社，2021.

［15］郭宴华，苏进．有机化学实验．北京：科学出版社，2021.

［16］王迎春，彭志远，李佑稷．有机化学实验．长春：吉林大学出版社，2022.

附录 I 有机化学实验室规范

一、安全卫生规范

1. 进入实验室前，应穿好实验服，必要时戴护目镜及口罩。实验室内不得嬉闹、吸烟、吃东西，不准用实验器皿盛装食物。实验进行时，不得中途离开。

2. 实验室的仪器、试剂放置要合理、有序，实验台面要整洁。实验工作结束或暂告一段落时，仪器、试剂、用品应放回原处，房间要打扫干净，垃圾应放入垃圾桶内，不得随意乱扔或抛入水池中。

3. 使用玻璃仪器时，应先检查是否有裂痕，边缘是否有尖锐的棱角，以减少意外发生。

4. 清洗玻璃仪器时，应先以清水冲洗后，再以清洗液洗净，最后用纯净水冲洗，晾干。

5. 易燃易爆试剂，须储放于阴凉通风处，不得直接放置于阳光下或接近热源。

6. 皮肤或衣服沾上化学试剂时，应立即用清水冲洗，若喷到眼睛应立即以洗眼器冲洗。如使用有毒物进行工作，工作完毕应立即洗手。

7. 稀释硫酸时只能将浓硫酸慢慢注入水中，边倒边搅拌，不得反向操作。使用高氯酸工作时，需要戴手套。

8. 配制溶液或在实验中能放出 HCN、NO_2、H_2S、SO_2、Br_2、NH_3 及其他有毒和腐蚀性气体时（如 HCl、H_2SO_4、HNO_3、CCl_4）应在通风橱内进行。

9. 废弃有毒试剂、废酸、废碱要统一回收，放入指定废液缸。

10. 使用明火时，应查看周围有无可燃性化学试剂。使用火焰加热时，应注意衣袖、头发等是否会因太长而有被燃烧的可能。对烧瓶或试管进行加热时，瓶口或管口不可朝向别人或自己；也不可以将瓶口密闭，以免膨胀爆炸。

11. 加热易燃试剂时，不得使用明火和电炉直接加热，应采用水浴方式。

12. 实验室应备有消防灭火器，必要时使用。

13. 离开实验室前应检查水电是否关好、须进行隔夜试验的设备是否无安全隐患后，方可离开。

二、学生实验规范

1. 进入化学实验室的每一位学生必须遵守实验室的各项规章制度，听从教师的指导。

2. 实验前认真预习有关实验内容及相关参考资料。了解每一步操作的目的、意义、关键步骤、难点、所用药品的性质和应注意的安全问题，完成实验预习报告，预习报告未达要求者，不得进行实验。

3. 实验中严格规范操作，要认真、仔细观察实验现象，如实做好记录，积极思考。实验完成后，由指导老师登记实验结果，并将产品回收统一保管。按时书写符合要求的实验报告。

4. 实验过程中，不得大声喧哗、打闹，不得擅自离开实验室。需穿上实验服进入实验室，不能穿拖鞋、背心等暴露过多的服装进入实验室，实验室内不能吸烟、吃食物。

5. 应经常保持实验室的整洁，做到仪器、桌面、地面和水槽四净。实验装置摆放要规范、美观。

6. 固体废弃物及废液应倒入指定地方；有毒、有害废液和废渣集中于容器，统一回收。

7. 爱护公物。公用仪器和药品应在指定地点使用，用完后及时归还原处，并保持其整洁。节约药品，药品取完后，及时将盖子盖好，严格防止药品的相互污染。仪器如有损坏要登记予以补发，并按制度赔偿。

8. 实验结束后，将个人实验台面打扫干净，清洗、整理仪器。学生轮流值日，值日生应负责整理公用仪器、药品和器材，打扫实验室卫生，离开实验室前检查水、电、气是否关闭。

三、化学试剂管理规范

1. 化学试剂由实验室专人负责申购、登记、验收。

2. 购入的化学试剂应逐件检查产品的名称、标签、出厂日期、品级商标、厂名、合格证等。

3. 经验收无误的化学试剂，应按一般化学试剂、剧毒品、易燃易爆品、强氧化剂、强腐蚀剂等不同分类分别存放，不可乱堆乱放。

4. 剧毒试剂应放在保险柜内封存，保险柜钥匙由保管员和实验室负责人分别保存，开启时必须有两人同时在场，使用后及时放回。

5. 使用洁净的药匙取用试剂，高纯试剂或基准试剂取出后不得再放回原容器。

6. 化学试剂应存放于阴凉、干燥、通风、避免阳光直射的地方，需冷藏试剂应存放于冰箱内。

7. 试剂取用后应立即盖好，使用完毕后应及时放回原处存放。

四、玻璃仪器、实验设备管理规范

1. 玻璃仪器应经专人校验合格后方能使用。

2. 实验使用的玻璃仪器应保持完好，当有破损时应将其集中放置，避免割伤实验人员。

3. 新玻璃仪器使用前应清洁干净。

4. 玻璃仪器使用完毕应及时清洗干净，不要在仪器内遗留有机化合物、酸碱液、腐蚀性物质或有毒物质。

5. 玻璃量器不得以加热方式干燥。

6. 非标准口的具塞玻璃仪器，应在洗涤前将塞子用塑料绳或橡皮筋拴在管口处，以免打破塞子或相互弄乱。

7. 每台实验设备均应制定标准操作规程，实验人员必须严格执行，不得违规操作，以免损坏仪器或影响检测结果。

8. 精密仪器设备应由专业人员进行安装调试，运行正常后交实验人员使用。

9. 仪器设备发生故障，应及时通知维修人员修理。

10. 实验设备使用完毕，应将各部件恢复到所要求的位置，及时做好清理工作，拉下电源，盖好防护罩。

（徐　红）

附录Ⅱ 有机化学实验常规仪器清单

玻璃仪器名称	规格	数量	磨口仪器名称	规格	数量
酒精灯	100 ml	2	锥形瓶	100 ml	3
烧杯	50 ml	1	直形冷凝管	20 cm	1
烧杯	100 ml	1	球形冷凝管	20 cm	1
烧杯	250 ml	2	三口烧瓶	250 ml	1
烧杯	500 ml	1	三口烧瓶	100 ml	2
量杯/量筒	10 ml	1	分液漏斗	250 ml	1
量筒	100 ml	1	圆底烧瓶	30 ml	1
洗瓶	250 ml	1	圆底烧瓶	50 ml	1
普通漏斗	8 cm	1	圆底烧瓶	100 ml	2
布氏漏斗	6 cm	1	蒸馏头	14×3	1
抽滤瓶	250 ml	1	克氏蒸馏头	14×19×3	1
试管	20 cm	4	尾接管	弯形 14×14	1
表面皿	9 cm	1	空心塞	14/23	3
温度计	100 ℃	1	大小头	—	1
温度计	250/360 ℃	1	干燥管	10 cm	1
木试管夹	—	5	导气管	5 cm×10 cm	1
烧瓶夹	万用	5			
冷凝管夹	中号	5			
搅拌子	—	5			
固定器	—	5			
石棉网	20 cm	2			
带塞安全瓶	250 ml	2			

（徐 红）

附录Ⅲ　思考题参考答案

实　验　一

（一）判断题

1. × 　2. √ 　3. √ 　4. × 　5. × 　6. × 　7. √ 　8. × 　9. ×

（二）选择题

1. B 　2. C 　3. B 　4. C 　5. B 　6. C 　7. D 　8. B 　9. D 　10. C 　11. D 　12. B

13. D 　14. B 　15. C 　16. D 　17. D 　18. B 　19. C 　20. A 　21. A 　22. C

23. B 　24. B 　25. C

（三）简答题

1. 答：碳原子的杂化方式依次是 sp^2、sp^2、sp^2、sp^2、sp、sp^3 和 sp^2。

2. 答：分子间的范德瓦耳斯力包括取向力、诱导力和色散力。极性分子与极性分子之间存在三种范德瓦耳斯力，极性分子与非极性分子之间存在诱导力和色散力，非极性分子与非极性分子之间只存在色散力。

3. 答：化学反应的实质是旧化学键的断裂和新化学键的生成，有机化学反应中的共价键的断裂方式有均裂和异裂两种方式。有机化学反应可以分为自由基反应和离子型反应两种类型。

4. 答：烷烃在加热或光照条件下发生卤代反应，反应机理为自由基（游离基）链反应，它的三个阶段分别是链的引发（生成自由基）、链的增长（传递自由基、生成产物）、链的终止（消除自由基）。

5. 答：小环烷烃与普通环烷烃都属于烷烃，化学性质表现与开链烷烃相似，如难被氧化，能与氯、溴发生自由基取代反应。但对于三元、四元小环烷烃来说，一定程度上表现出与烯烃类似的性质，在室温或加热下可以与卤素、氢卤酸发生开环加成反应。

6. 答：烷烃中的碳原子又称饱和碳原子，根据相连接的其他碳原子的数目，可以分为伯碳原子（与1个碳原子相连的碳原子）、仲碳原子（与2个碳原子相连的碳原子）、叔碳原子（与3个碳原子相连的碳原子）和季碳原子（与4个碳原子相连的碳原子）。相应的氢原子有伯氢原子（伯碳原子上的氢原子）、仲氢原子（仲碳原子上的氢原子）和叔氢原子（叔碳原子上的氢原子），季碳原子已经与 4 个碳原子连接，不可能再连接氢原子，所以没有季氢原子。这些氢原子的相对反应活性：叔氢＞仲氢＞伯氢＞甲烷氢。

7. 答：不饱和烃中 σ 键的键能比 π 键的键能大。炔烃的亲电加成活性比烯烃难，原因是炔烃的三键碳原子是 sp 杂化，而烯烃双键碳为 sp^2 杂化，三键碳的电负性比双键碳的大，对电子的控制更牢。

8. 答：炔烃的三键碳原子是 sp 杂化，碳的电负性更大，C—H 共价键中电子更偏向碳原子，具有一定的弱酸性，乙炔的 $pK_a=25$。

9. 答：丙炔与盐酸加成反应如下。

$$H_3C—C \equiv CH \ + \ HCl \longrightarrow H_3C—\underset{Cl}{\overset{}{C}}=CH_2 \xrightarrow{HCl} H_3C—\underset{Cl}{\overset{Cl}{C}}—CH_3$$

10. 答：丙炔与水（硫酸汞作催化剂）加成反应如下。

$$H_3C—C \equiv CH \ + \ H_2O \xrightarrow[H_2SO_4]{HgSO_4} H_3C—\overset{OH}{C}=CH_2 \Longleftrightarrow H_3C—\overset{O}{\overset{\|}{C}}—CH_3$$

1 分子水先与炔烃加成，生成的烯醇是不稳定的，很快发生重排（烯醇式 - 酮式互变异构）生成更稳定的羰基化合物。

11. 答：此实验成功与否的关键取决于试剂是否无水。如有水存在，会使 CH_3COONa 变为钠离子和乙酸根离子，从而不能发生脱羧反应。因此一定要保证试剂无水及大试管是干燥的。

12. 答：生石灰 CaO 或 Fe_2O_3 不参与反应，它的作用是除去 NaOH 中的水分、减少 NaOH 与玻璃的作用，防止试管炸裂，同时也使反应混合物疏松，便于甲烷气体的排出。

（李 燕）

实 验 二

简答题

1. 答：不可以。因为某些物质会在高温时发生部分分解，有些物质则可能转变为具有不同熔点的其他结晶体。

2. 答：（1）说明 A、B 两个样品不是同一种物质，一种物质在此充当了另一种物质的杂质，故混合物的熔点降低，熔程增宽。

（2）除少数情况（如形成固熔体）外，一般可认为这两个样品为同一化合物。

（席晓岚）

实　验　三

（一）判断题

1. ×　2. ×　3. ×　4. √　5. ×　6. ×　7. ×　8. √

（二）选择题

1. C　2. B　3. B　4. C　5. D　6. B　7. C　8. C　9. D　10. B　11. A　12. D　13. B　14. D　15. A　16. D

（三）简答题

1. 答：①为一对对映体；②为同一化合物；③为非对映体。

2. 答：① S，有旋光性；② R，有旋光性；③ S，有旋光性；④（ $2S$, $3S$ ），有旋光性；⑤（ $2S$, $3R$ ），无旋光性；⑥（ $2R$, $3S$ ），有旋光性。

3. 答：

4. 答：不能有气泡存在，样品管中如果存在气泡，光通过时，从空气进入溶液会产生折射，就会造成检测不到信号或误差很大。若管中液体有微小气泡，可将其赶至管一端的凸起部分。

5. 答：较暗的视场在两个三分视场之间，人眼对由明亮到暗的变化更敏感，实验时有利于调校，减小了操作的误差。

6. 答：石英片两侧配上一定厚度的玻璃片，主要是为了补偿石英片吸收引起的光强差别。

（沈凌屹　肖　竦）

实 验 四

简答题

1. 答：纯的液态物质在一定的压力下具有确定的沸点，不同的物质具有不同的沸点。蒸馏操作就是利用不同物质的沸点差异对液态混合物进行分离和纯化。蒸馏是把一个液体化合物加热，其蒸气压升高，当与外界大气压相等时，液体沸腾为蒸气，再通过冷凝使蒸气变为液体的过程。蒸馏适用于沸点相差 30 ℃以上的混合物的分离。如果组分沸点差异不大，就需要采用分馏操作对液体混合物进行分离和纯化。蒸馏装置主要由圆底烧瓶、蒸馏头、温度计、直形冷凝管、接液管、接收瓶组成。

2. 答：在一定压力下，纯净化合物的沸点是固定的。但是，具有恒定沸点的液体不一定是纯净物。因为两个或两个以上的化合物形成的共沸混合物也具有一定的沸点。

3. 答：在整个蒸馏过程中，应使温度计水银球上常有被冷凝的液滴，让水银球上液滴和蒸气温度达到平衡。所以要控制加热温度，调节蒸馏速度，通常以 1 ～ 2 滴 / 秒为宜。蒸馏时加热的火焰不能太大，否则会在蒸馏瓶的颈部造成过热现象，使局部液体的蒸气直接承受火焰的热量，这时温度计指示的沸点会偏高。蒸馏时也不能进展太慢，否则温度计的水银球不能被馏出液充分浸润而使温度计指示的沸点偏低。

（肖　竦）

实 验 五

（一）选择题

1. D　2. C　3. C　4. B　5. A　6. D　7. C　8. A

（二）简答题

1. 答：在温水浴中，卢卡斯试剂与叔醇立即反应、发热并产生卤代烃油状物，该油状物不溶于反应试剂而呈现浑浊并分层；与仲醇反应稍慢，需几分钟时间，呈现浑浊而分层，发热不明显；与伯醇在常温下几小时也难分层。所以卢卡斯试剂可作为实验室区别伯、仲、叔醇的一种试剂。它的局限性是由于 6 个碳原子以上的一元醇不溶于水，反应前后都分层，无法判断是否起了反应，所以只适用于 6 个碳原子以下的伯、仲、叔醇的特征鉴别。

2. 答：苯酚能溶于氢氧化钠和碳酸钠溶液，是因为发生了化学反应，生成了苯酚钠；苯酚不溶于碳酸氢钠溶液是因为苯酚与碳酸氢钠不反应（酸性：$H_2CO_3 >$苯酚$>$碳酸氢钠）。

3. 答：除了苯酚，溴水也能与苯胺反应，立即产生白色沉淀。

4. 答：2-甲基苯酚、3-甲基苯酚和4-甲基苯酚的结构式如下。

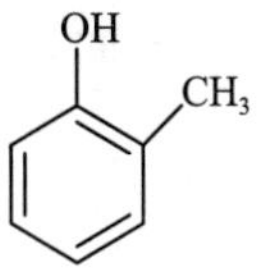

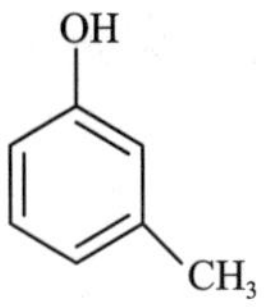

它们的两个官能团异构体分别为苄醇和苯甲醚，结构式如下。

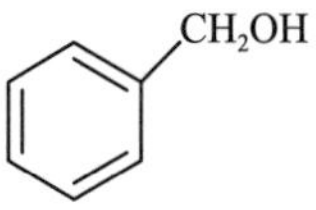

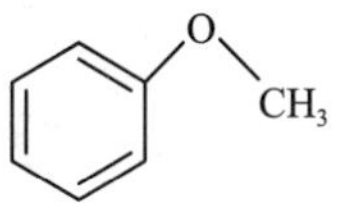

5. 答：化合物 A 的结构式如下。

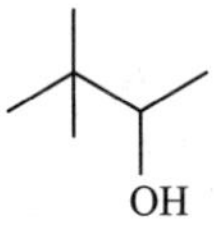

（袁见萍）

实 验 六

（一）选择题

1. D　2. B

（二）简答题

1. 答：因为亚甲蓝可溶于乙醇，而甲基橙不溶于乙醇等有机溶剂，先用95%乙醇溶液洗脱可以使二者分离，而甲基橙和亚甲蓝都可溶于去离子水，这样甲基橙也可以得到充分溶解。两者不能交换次序，因为若先使用去离子水，甲基橙和亚甲蓝都充分溶解，且去离子水的极性较大，会将二者同时洗脱下来，难以进行分离。

2. 答：柱色谱上用的吸附剂颗粒一般比 TLC 上用的吸附剂颗粒大，柱色谱的洗脱剂也应比 TLC 的展开剂极性略小，才能得到较好的分离效果。为此，所用的溶剂必须干燥，否则将严重影响分离效果（需要含水溶剂作洗脱剂时除外）。

3. 答：气泡或者裂缝会造成谱带之间的界限倾斜、模糊。尤其是裂缝引起的填料断层会造成沟流，使得组分之间混合，严重影响分离效果。装柱不均匀会降低柱子的分离效率；填料太松散，流动相速度太快，组分没有在两相之间充分达到吸附平衡，分离不完全；填充太紧密不仅流动相过柱速度慢，也会造成组分在固定相中扩散，导致谱带加宽，甚至重叠。

4. 答：加入石英砂是为了整理吸附剂表面，使其成为平面，达到较好的洗脱效果。

（沈凌屹）

实 验 七

（一）判断题

1. ×　2. √　3. √　4. ×　5. ×　6. ×　7. ×　8. ×

（二）选择题

1. C　2. B　3. D　4. D　5. B　6. B　7. C　8. B　9. D　10. A　11. D　12. B
13. D　14. B　15. C　16. C　17. D　18. D

（三）简答题

答：乙醛、甲基酮类化合物、具备 $CH_3CHOHR（H）$ 结构的醇均能发生碘仿反应。因为生成的溴仿和氯仿是无色液体，无明显现象，不利于实验的观察。

（沈凌屹）

实 验 八

（一）判断题

1. ×　2. ×　3. ×　4. ×　5. √

（二）选择题

1. B　2. B　3. B　4. B　5. D　6. B　7. D　8. A　9. B　10. B　11. C　12. B
13. A　14. B　15. C　16. C

（三）简答题

答：乙酰乙酸乙酯和三氯化铁显色是因为其烯醇式与三氯化铁生成紫色配合物。加溴水后，溴与烯醇式的双键加成，烯醇式不再存在，因此与三氯化铁所显紫色消失。因酮式和烯醇式之间存在一定动态平衡，所以又有一部分酮式转变为烯醇式，其与原来的已经存在于反应液中的三氯化铁又显紫色。此现象证明了常温下乙酰乙酸乙酯的酮式和烯醇式是同时存在的，且相互转变。

（袁见萍）

实　验　九

（一）选择题

1. D　2. A　3. B　4. D　5. A　6. D　7. C　8. C　9. D

（二）简答题

1. 答：因为在降温时，反应液中的细小颗粒或杂质会进入沸石内堵塞其孔道，使沸石失去作用。

2. 答：第一次蒸馏时的馏出液中，除了含有乙酸乙酯，还含有乙醇、乙醚、水、乙酸、硫酸等。

3. 答：A. CH_3CH_2COOH；B. $HCOOCH_2CH_3$；C. CH_3COOCH_3。

（李　燕　肖　竦）

实　验　十

简答题

答：（1）不宜长时间加热，因为在此条件下乙酰水杨酸容易水解。

（2）加入乙醇的量应恰好使沉淀溶解。若乙醇过量则很难析出结晶。

（袁见萍）

实验十一

（一）判断题

1. ×　2. ×　3. ×　4. ×　5. ×

（二）选择题

1. B　2. C　3. C　4. C　5. A

（三）完成下列反应方程式

1. $\text{C}_6\text{H}_5\text{—CH}_2\text{CH}_2\text{NHCO—C}_6\text{H}_5$　　2. $\text{C}_6\text{H}_5\text{—CO—N}\langle\text{C}_4\text{H}_8\rangle$　　3. $\text{C}_6\text{H}_5\text{—N}_2^+\text{Cl}^-$

4. $(\text{CH}_3)_2\text{N—NO}$　5. 2,4,6-三溴苯胺 $\downarrow$ + HBr　6. 对苯醌

（四）排列下列物质的碱性顺序

1. 二乙胺＞乙胺＞氨＞苯胺＞二苯胺。

2. 二甲胺＞甲胺＞苯胺＞二苯胺。

3. 对甲基苯胺＞苯胺＞对硝基苯胺。

（五）推导题

A. $\overset{\quad\quad\quad O}{\underset{\;\;\;\underset{NH_2}{|}}{CH_3CHC}}\text{—OCH}_2\text{CH}_3$　　B. $\underset{\underset{NH_2}{|}}{CH_3CHCOOH}$　　C. CH_3CH_2OH

（六）简答题

答：利用与亚硝酸反应出现的现象不一样可以区分伯、仲、叔胺。

伯胺		N_2
仲胺	$NaNO_2 + HCl$	黄色油状物
脂肪叔胺	25 ℃ →	无现象
芳香叔胺		橘黄色溶液

（袁见萍）

实验十二

（一）判断题

1. ✕　2. ✓　3. ✕

（二）选择题

1. B　2. A　3. D　4. C

（三）简答题

1. 答：参照溶剂极性列表，采用试验的方法。若所选展开剂使混合物中所有的组分都移到了溶剂前沿，说明此溶剂的极性过强，则需减小极性；若所选展开剂几乎不能使混合物中的组分点移动，留在了原点上，说明此溶剂的极性过弱，则应增大展开剂极性。当一种溶剂不能很好地展开各组分时，常选择用混合溶剂作为展开剂。先用一种极性较小的溶剂为基础溶剂展开混合物，若展开不好，用极性较大的溶剂与前一溶剂混合，调整到合适极性。

2. 答：展开剂是否合适，通常通过 R_f 值进行判断，R_f 值最好在 0.15 ～ 0.85，最理想的 R_f 值为 0.4 ～ 0.5，良好的分离需 R_f 值为 0.15 ～ 0.75，如果 R_f 值小于 0.15 或大于 0.75 则分离不好，就需要调整展开剂。

（沈凌屹）

实验十三

（一）判断题

1. ✕　2. ✓　3. ✓　4. ✓　5. ✕

（二）选择题

1. C　2. A　3. A　4. C　5. B　6. D　7. B　8. D　9. B　10. A

（三）简答题

1. 答：噻吩、吡咯、呋喃是五元杂环化合物，属于多 π 电子芳杂环，芳环上的电子云密度比苯大，故比苯更容易发生亲电取代反应。吡啶为六元杂环，为缺 π 电子芳杂环，电子云密度比苯小，故亲电取代反应比苯更加困难。

2. 答：由于吡啶环中氮原子上的一对孤对电子不与六元环共平面，不参与环状共轭体系，提供孤对电子，为路易斯碱，表现出碱性，而六氢吡啶为非芳香杂环，具有仲胺的性质，所以其碱性比吡啶更强。

3. 答：①②③氮原子为吡啶型，④氮原子为吡咯型。

4. 答：有机溶剂萃取法。采取加热回流装置。

5. 答：分液漏斗中的液体不易太多，以免摇动时影响液体接触而使萃取效果下降。液体分层后，上层液体由上口倒出，下层液体由下口经活塞放出，避免污染产品。溶液产生乳化现象时，静止时间应该长一些；可加入少量食盐，使絮状物溶于水中，而有机化合物溶于萃取剂中；或者加入酸、碱、醇等，破坏乳化现象。

（王　丽　肖　竦）

实验十四

（一）判断题

1. √　2. ×　3. √　4. ×　5. √

（二）选择题

1. A　2. D　3. B　4. D　5. C　6. D　7. B　8. C　9. A　10. C

（三）简答题

1. 答：蒸馏时加入沸石的作用是防止暴沸。如果蒸馏前忘记加沸石，不能立即补加，应该停止加热，待冷却后再加入。

2. 答：蒸馏结束后应先停止加热，等待至无馏出液后再停止通水。若先关闭冷凝水，则会导致蒸气未经冷凝而逸出至空气中。

3. 答：生物碱是存在于生物体内含氮且具有一定生理活性的碱性有机化合物。其主要的化学性质有：①大多数生物碱具有旋光性，具有强生理活性的生物碱多为左旋；②具有碱性，由于其分子结构中含有氮原子，具有孤对电子，能与质子结合成盐；③能发生沉淀反应和颜色反应，可利用这些反应对生物碱进行定性鉴定。

（王　丽）

实验十五

（一）判断题

1. ×　2. ×　3. ×　4. ×　5. √　6. √　7. ×　8. √　9. ×　10. ×

（二）选择题

1. B　2. D　3. C　4. A　5. D　6. D　7. C　8. A　9. C　10. B　11. D　12. C

13. B　14. D　15. B　16. D　17. B　18. A　19. B　20. B　21. B　22. B　23. C

24. C　25. A

（三）简答题

1. 答：A 为 D- 乙基半乳糖苷，B 为半乳糖，C 为乙醇。其结构分别如下。

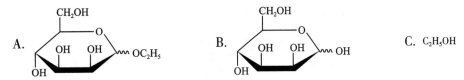

2. 答：酮糖在碱性条件下可通过烯醇式互变转化为相应的醛糖，故也可与上述试剂反应而具有还原性。

（王　丽）

实验十六

简答题

1. 答：乙酸是常见酰化试剂，它不与被提纯物质发生化学反应，易与结晶分离而除去，并能获得较好的结晶。但是乙酸亲电活性低于乙酸酐、乙酰氯，与反应物生成的水分子会抑制反应的进行程度，故其反应活性低。

乙酸酐容易断键，反应较快，乙酸酐上的碳基被酯键活化有强亲电性，可以和氨基形成酰胺键，一定程度上避免了对氨基苯磺酰胺副产物的产生。但乙酸酐挥发性强，有强烈气味，反应速率和转化率低于乙酰氯，且产物中有乙酸单体，比乙酰氯进行酰化的产物氯化氢分离和提纯都相对困难。乙酰氯的反应活性较高但选择性较差。

2. 答：a. 反应物和产物都溶于水；b. 对乙酰氨基酚在沸水中的溶解度较大，在 0 ℃溶解度较小，有助于重结晶除去杂质。

操作时注意：a. 回流冷凝管的进出水顺序。b. 反应后一定要先热过滤，再进行抽滤。c. 抽滤时，要先插入抽滤管再进行抽滤，抽滤完后关闭电源，再拔出抽滤管，避免液体倒流。d. 一定要加亚硫酸氢钠，可有效防止对乙酰氨基酚被空气氧化，但浓度不宜太高。

3. 答：氨基的亲电活性较羟基强，形成的酰胺键较酯键稳定。

4. 答：原料对氨基苯酚为白至粉红色结晶性粉末，见光或暴露在空气中会变为紫红色。产物对乙酰氨基酚为白色结晶粉末。可以根据它们的物理性状不同，初步判断反应是否进行。

（张奇龙）

实验十七

简答题

1. 答：牛奶中脂肪的含量约为 3.9%，在分离酪蛋白的沉淀过程中，脂肪会随着蛋白一起沉淀出来。乙醚洗涤酪蛋白时需要尽量把脂肪洗涤干净。纯净的酪蛋白应为白色，如果脂肪未洗干净，酪蛋白放置一段时间会焦化变黄。

2. 答：乳糖分离时，加入 $CaCO_3$ 是为了中和溶液的酸性，避免乳糖在酸性条件下发生水解，使乳清蛋白沉淀，而且会影响收率。

（肖　竦）

实验十八

一、有机化合物的鉴别

$$
1.\ \left.\begin{array}{l}\text{丁烷} \\ \text{环丁烷} \\ \text{2-丁烯}\end{array}\right\} \xrightarrow{Br_2/H_2O} \left.\begin{array}{l}(-) \\ \text{褪色} \\ \text{褪色}\end{array}\right\} \xrightarrow{KMnO_4/H^+} \begin{array}{l}(-) \\ \\ \text{褪色}\end{array}
$$

2.

苯 ｜ (－) →KMnO₄/H⁺→ (－)

乙苯 ｜ →Br₂/H₂O→ (－) →KMnO₄/H⁺→ 褪色

苯乙烯 ｜ 褪色

2.	苯 乙苯 苯乙烯	Br_2/H_2O	(－) (－) 褪色	$KMnO_4/H^+$	(－) 褪色

3.	苯乙炔 苯乙烯 环己烷 乙苯	$Br_2(CCl_4)$	褪色 褪色 (－) (－)	$Ag(NH_3)_2NO_3$	白色 ↓ (－)
				$KMnO_4/H^+$	(－) 褪色

4.	甲酚 苄醇 苯甲醚	$FeCl_3$	紫色 (－) (－)	$KMnO_4/H^+$	褪色 (－)

5.	丁醛 苯甲醛 戊-2-醇 环己酮	托伦试剂	Ag ↓ Ag ↓ (－) (－)	费林试剂	Cu_2O 砖红色沉淀 ↓ (－)
				$I_2/NaOH$	黄色沉淀 ↓ (－)

6.	丙醛 丙酮 异丙醇 丙醇	2,4-二硝基苯肼	黄色 ↓ 黄色 ↓ (－) (－)	托伦试剂	Ag ↓ (－)
				$I_2/NaOH$	黄色沉淀 ↓ (－)

7.	甲酸 丙醛 乙酸	Tollens试剂	Ag ↓ Ag ↓ (－)	Na_2CO_3	CO_2↑ (－)

8.	苯甲酸 苄醇 苯酚	$FeCl_3$	(－) (－) 紫色	$NaHCO_3$	CO_2 ↑ (－)

9.

$$\left.\begin{array}{l}\text{苯胺}\\\text{甲苯}\\\text{苯酚}\\\text{苯甲酸}\end{array}\right\}\xrightarrow{\text{NaHCO}_3}$$

$$\left.\begin{array}{l}(-)\\(-)\\(-)\\\text{CO}_2\uparrow\end{array}\right\}\xrightarrow{\text{FeCl}_3}\left.\begin{array}{l}(-)\\(-)\\\text{紫色}\end{array}\right\}\xrightarrow[\triangle]{\text{NaNO}_2/\text{HCl}}\begin{array}{l}\text{N}_2\uparrow\\(-)\end{array}$$

10.

$$\left.\begin{array}{l}\text{葡萄糖}\\\text{果糖}\\\text{蔗糖}\\\text{淀粉}\end{array}\right\}\xrightarrow{\text{Tollens试剂}}\left.\begin{array}{l}\text{Ag}\downarrow\\\text{Ag}\downarrow\\(-)\\(-)\end{array}\right.$$

$$\left.\begin{array}{l}\text{Ag}\downarrow\\\text{Ag}\downarrow\end{array}\right\}\xrightarrow{\text{Br}_2/\text{H}_2\text{O}}\begin{array}{l}\text{褪色}\\(-)\end{array}$$

$$\left.\begin{array}{l}(-)\\(-)\end{array}\right\}\xrightarrow{\text{I}_2}\begin{array}{l}(-)\\\text{出现蓝色}\end{array}$$

二、未知有机化合物的推测

1. 化合物 A、B、C、D 分别为：

A ▬▬▬ B ▬▬▬ C ▬▬▬ D ▬▬▬

2. 化合物 A、B、C 分别为：

A $CH_3CH=CH-\underset{\underset{CH_3}{|}}{CH}-CH_3$　　B $CH_3CH_2CH=\underset{\underset{CH_3}{|}}{C}-CH_3$

C $CH_3CH_2CH-\underset{\underset{CH_3}{|}}{CH}-CH_3$

3. 化合物 A、B、C 分别为：

A（C_3H_7苯基）　　B（对位 CH_3/C_2H_5 苯）　　C（1,3,5-三甲苯）

4. 化合物 A 为：

H_3C—苯环—$CH(CH_3)_2$

H_3C—苯环—$CH(CH_3)_2 + KMnO_4 \xrightarrow{H^+} HOOC$—苯环—$COOH$

5. 化合物 A、B、C 的结构式分别为：

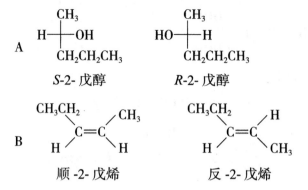

A

S-2- 戊醇　　　　　R-2- 戊醇

B

顺 -2- 戊烯　　　　　反 -2- 戊烯

6. 化合物 A、B 和 C 的结构式为：

A $C_2H_5CHCH=CH_2$
　　　　|
　　　　Br

B $C_2H_5CHCOOH$
　　　|
　　　Br

C $C_2H_5CHCH_2CH_3$
　　　|
　　　Br

7. 化合物 A、B、C 分别为：

A $CH_3CH_2COCH_3$　　　B $CH_3CH_2CH_2CHO$ 或（CH_3）$_2CHCHO$　　　C $CH_3CHCH=CH_2$
　　　　　　　　　　　　　　　　　　　　　　　　　　　　　　　　　　　　　　|
　　　　　　　　　　　　　　　　　　　　　　　　　　　　　　　　　　　　　OH

8. 化合物 A、B、C 分别为：

　　　　　　O
　　　　　　‖
A $CH_3-C-CH-CH_3$
　　　　　　　|
　　　　　　　CH_3

　　　　　　OH
　　　　　　|
B $CH_3-C-CH-CH_3$
　　　　　　|
　　　　　　CH_3

C $CH_3-C=C-CH_3$
　　　　　　　|
　　　　　　　CH_3

9. 化合物 A、B 分别为：

　　　　　　　　　　　　　　O
　　　　　　　　　　　　　　‖
A $CH_3-C=CH-CH_2CH_2-C-CH_3$
　　　　　|
　　　　CH_3

　　　　　　　　　　O
　　　　　　　　　　‖
B $HOOCCH_2CH_2-C-CH_3$ 或

10. 化合物 A、B、C 分别为：

A

B

C

11. 化合物 A、B 分别为：

A　HOOCCH₂CH₂COOH　　　B　CH₃CH$\begin{array}{l}\diagup COOH\\ \diagdown COOH\end{array}$

12. 化合物 A、B、C、D、E 分别为：

A　CH₃CH₂CH＝CHCH₂CH₃　　　　　B　CH₃CH₂CHCHCH₂CH₃
　　　　　　　　　　　　　　　　　　　　　　　　　|　|
　　　　　　　　　　　　　　　　　　　　　　　　Br　Br

C　CH₃CH₂C≡CCH₂CH₃　　　　　D　CH₃CH＝CH—CH＝CHCH₃

E　CH₃CH₂COOH

（肖　竦）

实验十九

一、单项选择题

1. B　2. C　3. D　4. C　5. C　6. A　7. B　8. D　9. D　10. A　11. D　12. D

13. B　14. D　15. B　16. D　17. C　18. B　19. C　20. B　21. D　22. B　23. D

24. C　25. B　26. B　27. C　28. B　29. C　30. A　31. C　32. C　33. D　34. A

35. C　36. D　37. C　38. A　39. D　40. D　41. A　42. D　43. C　44. C　45. D

46. D　47. B　48. A　49. A　50. D　51. C　52. D　53. B　54. B　55. C　56. C

57. C

二、多项选择题

58. BD　59. AB　60. BC　61. AC　62. CD　63. ABD

三、完成下列反应方程式

1.

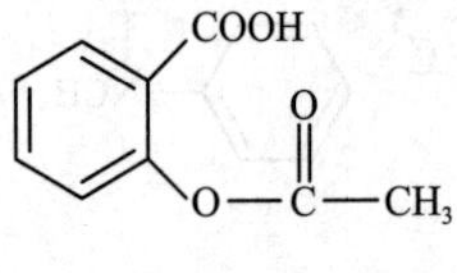

2. CH₃CH₂CHCHO (with CH₃ and OH substituents)

$$CH_3CH_2\underset{\underset{\displaystyle OH}{|}}{C}H\underset{\underset{\displaystyle }{|}}{C}HCHO$$

with CH₃ group

3.

$$C_6H_5CH{=}NNH{-}(2,4\text{-dinitrophenyl})$$

Ph—CH=NNH—〈2-O₂N, 4-NO₂ phenyl〉

4.

HOOC— cyclohexanone ring with =O

5.

$$H_3C{-}\overset{\overset{\displaystyle O}{\|}}{C}{-}OCH_2CH_2CH_3 \ + \ H_2O$$

6.

pyranose ring with CH₂OH, OH, OH, OH, OCH₂CH₃

7.

cyclohexane with CH₃ and Br on same carbon

8.

benzene ring with COOH (top), COOH (bottom right), (H₃C)₃C— (bottom left)

9.

$$CH_3{-}\underset{\underset{\displaystyle }{|}}{\overset{\overset{\displaystyle CH_3}{|}}{C}}{=}CH{-}CH_3$$

10.

$$H_3C{-}\underset{\underset{\displaystyle CH_2CH_3}{|}}{\overset{\overset{\displaystyle OH}{|}}{C}}{-}CH_2CH_3$$

四、用化学方法鉴别下列各组化合物

1. 苯甲醛 ⎫
   苯乙醛 ⎬ —托伦试剂→ 银镜 / 银镜 / （－） —费林试剂→ （－） / 砖红色沉淀
   丙酮 ⎭

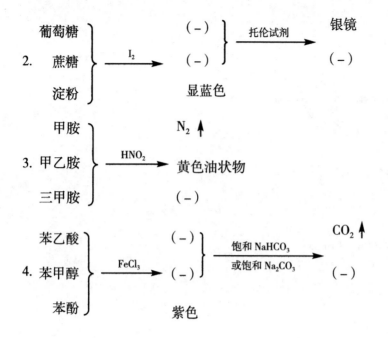

五、推断题

1. A. $CH_3CH_2\underset{OH}{\overset{CH_3}{CHCHCH_3}}$ B. $CH_3CH_2\underset{O}{\overset{CH_3}{CHCCH_3}}$ C. $CH_3CH_2\overset{CH_3}{C}=CHCH_3$

2. A. $CH_3\underset{OH}{-}CH\underset{CH_3}{-}CH-COOH$ B. $CH_3-CH=\overset{CH_3}{C}-COOH$ C. $H_3C\underset{O}{-}C-COOH$

（杨先炯）